中国民用机场协会指导用书
机场鸟击防范系列丛书

机场常见鸟类野外调查手册

施泽荣　张　亮　白文娟　编著

合肥工业大学出版社

内 容 提 要

该书是编著者30多年在野外对鸟类进行考察与研究成果的总结，具有较高的实用性和操作性。全书内容包括：机场鸟情野外调查前的准备工作、野外调查的内容与方法、鸟类解剖的工具和方法、鸟类标本的制作与保存，以及机场及周边地区常见鸟类检索表。本书可供大专及其以上院校师生学习使用，也可供机场场务人员及从事鸟类野外调研人员参考。

图书在版编目(CIP)数据

机场常见鸟类野外调查手册/施泽荣等编著．—合肥：合肥工业大学出版社，2015.2(2020.10重印)

ISBN 978-7-5650-2132-9

Ⅰ.①机…　Ⅱ.①施…　Ⅲ.①机场—鸟害—现场勘查—手册　Ⅳ.①V328—62

中国版本图书馆CIP数据核字(2015)第022844号

机场常见鸟类野外调查手册

施泽荣　张　亮　白文娟　编著　　　　责任编辑　权　怡

出　版	合肥工业大学出版社	版　次	2015年2月第1版
地　址	合肥市屯溪路193号	印　次	2020年10月第2次印刷
邮　编	230009	开　本	787毫米×1092毫米　1/16
电　话	总　编　室：0551-62903038	印　张	9.25
	市场营销部：0551-62903198	字　数	219千字
网　址	www.hfutpress.com.cn	印　刷	安徽联众印刷有限公司
E-mail	hfutpress@163.com	发　行	全国新华书店

ISBN 978-7-5650-2132-9　　　　定价：35.00元

《机场常见鸟类野外调查手册》

编委会

前　言

随着民航事业的快速发展和民用机场生态环境的不断改善，鸟类资源不断增加，其空间密度也越来越大，然而，它的直接后果是机场鸟击征候不断上升。为确保飞机飞行安全，减控鸟击灾害的发生，了解自然与改造自然，特别有效地控制机场周边地区的鸟情，是机场场务专业人员及科技工作者责无旁贷的任务，所以，必须对机场及周边地区进行鸟情调查、探索和研究。我国民用机场鸟类的种类、生态、分布及活动规律等，将对机场鸟击灾害的控制和积极防范工作，起到重要的作用，这是我们广大鸟击防范人员最大的心愿。

民用机场及周边地区的鸟类研究和其他动物一样，近10多年来，全国各地机场都开展了鸟情调研工作，并取得一些成果。然而，空间飞行器密度的快速增加，鸟击征候持续上升，对飞行安全构成严重的威胁。因此，针对机场鸟情调研的需要，结合广州民航职业技术学院机场场务专业鸟击防范方向学生实习的迫切需求，我们把这几年来民用机场及周边地区野外鸟情调研的方法与体会整理出来，供民用机场驱鸟人员和场务专业学生实习使用。但是，由于时间比较短，积累的资料不够充分，我们所介绍的内容不一定完全符合民用机场的实际需要，甚至有不准确的地方。因此，还有待大家，特别是机场场务一线驱鸟人员，在野外实际工作中，随时不断地加以修正与补充，使其不断完善，最终为民用机场及周边地区鸟情调研工作发挥作用。

目　录

第一章　野外调查前的准备

机场鸟击防范人员在进行野外考察之前，做好准备工作是十分重要的。准备工作做得充分与否，会直接影响到机场及周边地区鸟情调查成果的质量，所以，在野外调查前，必须做详细而周密的筹划。具体准备工作有以下几个方面。

一、明确野外调查的目的和任务

在进行野外调查工作之前，对于野外调查工作的目的，所有参加调查工作的人员必须有明确的了解，这样才可以确定野外调查的范围，明确任务及具体的要求，从而决定调查过程中所采取的方法和步骤，同时，还可以使每个调查人员都能充分发挥其创造性和积极性，愉快地参加艰苦的野外调查工作。

二、了解机场过去的调查工作

在我们即将进行调查的机场及周边地区，曾经有谁进行过鸟类采集与调查工作？他们曾经是怎样进行的？在野外调查的时间、路线选择是什么？调查的结果是什么？调查所获得的鸟类种类中，哪些对机场飞行危害等级高？常见种、偶见种、稀有种鸟类有哪些？种群量有多大？分布在什么范围？哪些鸟类曾撞击过飞机？过去的调查工作已经解决了哪些问题？还存在哪些问题？等等，这些资料一部分可以从机场现有的档案中查找到，还有一部分可以从《中国鸟类分类与分布名录》所附的参考文献中查找到（先查出有关著作的题目，然后再找原著）。关于鸟类研究方面的论文，可以从《动物学报》《动物学杂志》《野生动物》《大自然》以及各高等院校的科学刊物上搜集，也可以在“中国鸟网”等国内专业网站上查找；至于以往散见在外国刊物上的论文，可在国内外规模较大的图书馆查阅，然后进行复印。地方志如县志、市志、省志等，也能提供很有价值的线索。

三、了解机场已有的文字、图片和标本资料

在阅读文献的同时，还要查看以往在机场及周边地区调查时所采集到的鸟类标本及图片，熟悉它们形态和生态上的特征。同时，还可以从《中国鸟类分类和分布名录》中，查出在机场及周边地区曾经采集到的鸟类。根据我们所查的文献资料（文字、视频及图片）和标本资料，编写该机场及周边地区的鸟类的初步名录，以作为野外鸟情调查工作的参考资料。

四、了解机场及周边地区的生态环境

搜集并阅读机场及周边地区野外调查的有关地理、气候、植被、昆虫等方面的文献，这种方法有助于我们了解、调查机场及周边地区的环境条件。同时，还要向有关农业部门、农副产品部门（如林业管理局、农业局、农业资源开发局等），以及熟悉调查地区人文环境的人员等进行访问，或以电话访问及上网咨询等多种方式进行联系。这样才能更好地筹划工作内容，确定野外调查路线以及野外调查必须携带的装备和仪器等。

五、制订详细的调查计划

依据以上各方面的综合信息，在出发前应制订详细的野外调查计划，包括野外调查目的、主要任务、日期、路线，同时制定汇报和资料入档制度、生活守则及经费预算等。

六、准备好各种调查设备

在出发前必须将各种调查用的工具和物品准备周全，如果临时准备过于匆忙，东西携带不齐，到现场后就会感到困难，影响工作正常开展。先将野外考察所需的装备，按野外调查设备和野外生活装备两方面分别开列出，并由专门人员负责。由于不同机场的条件各有不同，特别是一些边远地区和山区的支线机场或军用机场，可因地制宜，酌情配备。

1. 野外调查设备

（1）猎枪：它是采集标本的必要工具。机场使用的猎枪有小口径猎枪和散弹枪两种。猎枪需要枪套和擦枪工具，如擦枪杆、擦枪布和擦枪油等。

（2）子弹：各种型号的最好都有准备。根据所编的鸟类初步名录，决定应该多带何种型号的子弹。一般常用的子弹有 8～10 号。所有型号的子弹必须携带充足，常用的散弹枪弹也需带足。

（3）自制子弹设备：为了节约机场野外调查成本，有条件的大型机场，在进行野外调查时，应考虑自制子弹。因为自制子弹的成本费用还没有达到购买现成子弹价格的一半，这样做对节约野外调查成本很有意义。当然，自制子弹必须经过机场公安部门批准。未得到批准，任何单位和个人都不能自制子弹。

（4）标本剥制设备：鸟类标本采集后，应及时进行制作。制作鸟类标本所需的设备包括解剖盘、解剖用具、石膏粉、防腐剂、亚砷酸、棉花、吸水纸、刷子、针线等，这些工具及药物必须由专人进行统一配制与管理。

（5）度量用具：秤、卷尺、卡尺、测绳或皮尺等。

（6）挖掘工具：斧、锯、刀、锹等。

（7）指南针或 GPS：在草原、森林、荒漠地带的机场周边地区调查，不熟悉情况的人员最易迷失方向，为了样线行走准确，每个在野外调查的人员最好都配有指南针或 GPS。

（8）观察设备：望远镜、夜视仪和测距仪等。

（9）温度计：供测量每日的气温用。

（10）气压表：用以测量海拔高度。尽量使用专业用气压表，以保证所测数据比较

准确。

（11）注射器：用以制作鸟卵标本和固定组织标本用。一般使用一次性注射器。

（12）照相与摄影设备：单反相机、摄像机及充电设备等。

（13）风镜、墨镜：在西北和北方荒漠地带的机场进行野外调查时，有时风强，须戴风镜。阳光太强时，可戴墨镜护目。

（14）照明设备：野外缺少照明，必须自备灯光；还须携带火柴、打火机、手电筒等。

（15）采集袋：帆布、塑料或网袋，须带足，而且采集袋的型号还要全。

（16）哨子：供在野外采集时采集人员相互联系之用。

（17）鸟类采集簿（表 1－1）和汇报簿。

（18）野外标签（表 1－2）：野外标签（上半部分可粘贴）。

表 1－1　野外采集簿

野外号数：			日期：	年　月　日
中文名：			当地俗名：	
采集地点：			海拔高度：	
体长：	体重：	眼：	色	
嘴峰：	（色）	跗跖：	（色）	
翼：		尾：		
性别：		多少：	（结果，单个）	
生活环境：				
食物：				
巢：	筑在	上，高	宽	深
所用材料：				
卵：	×	共	枚	
附记				

表 1－2　野外标签

（正面）

××××机场	
采集号	日期　年　月　日
采集地	海拔　米

（背面）

体重　（克）	嘴峰　毫米	性别	
体长　（毫米）	跗跖　（毫米）		
翼长　（毫米）	尾长　（毫米）		

(19) 常用文具：笔记本、纸张、信封、笔、彩水笔、计算器等。

(20) 地形图：一般为1∶20万的地形图。小范围的野外鸟情调查可在网上下载相应地区的地图。

(21) 标本箱：装运标本的塑料箱或木箱的数量要有2～3个，大箱只需1～2个。

(22) 捕鸟网及网杆：一般带6～8张捕鸟网，网杆高度为6m以上。

(23) 固定液：用以固定动物的内脏标本，如生殖腺等，通常用Bouin氏液。

(24) 保存液：如医用酒精、福尔马林等，用以保存鸟胃或鸟体等。

(25) 业务参考文献：业务参考文献甚多，在野外不便于全部携带，应选最需要的，供做出标本的初步鉴定的参考资料就足够了。

(26) 资料录入设备：手提电脑、备用U盘等。

(27) 证明文件：该证明文件主要用作证明单位有关项目，以便与机场及周边地区的政府部门进行工作和业务方面的联系等。

2. 野外生活准备

(1) 服装：以质地结实轻软的短装为宜。大小要合身，太大或太小都会妨碍在野外活动。如果进行鸟情冬季调查，还要带足够的御寒服装。服装的色泽要与自然环境相似，最好是草绿色或土黄色。雨衣、雨帽也应准备，以便下雨时使用。所穿的鞋，可以穿普通鞋、胶底皮鞋或高帮运动鞋；有条件的可以选用专业用野外调查专用鞋，这类鞋不易滑倒，即使不小心踩到砍伐过的树桩上也不易受伤。平胶底皮鞋或无钉的皮鞋很滑，不宜穿用。其他如绑腿、子弹带等也应准备好。

(2) 卧具：必须带足卧具，以免受寒。卧具外包以油布，以防潮湿。夏、秋季还须带蚊帐，以细网蚊帐最好。所用的蚊帐最好是用防蚊药剂处理过，这样可以有效地防蚊、虫等叮咬。

(3) 粮食：如在山区机场周边地区进行调查，应带足粮食，数量要够用一周以上。副食品、调味品等也应带足。野外采集的饮食会缺少新鲜的蔬菜，有条件的可以带一些耐贮藏蔬果。

(4) 炊具及餐具：在野外，如有自行炊饭的需要，所有用具也要携带齐全。

(5) 饮具：水壶、水杯等。

(6) 医药用品：如体温计、常用药品、碘酒、纱布、绷带、药棉、防虫油及池塘水消毒剂等。

(7) 洗漱用具：毛巾、牙刷、肥皂等，有条件的还可以带些免洗洗手液。

(8) 帐篷：一般采用帆布的，能分为数片，大小以能住6人为宜（图1-1），太大则重，在运输上，特别是在运输不便的山区，转运不便。如在鸟情调查地区有房屋可租住，就不必带帐篷。

(9) 文体用品：可酌量带一些，如棋类、球类、乐器等。

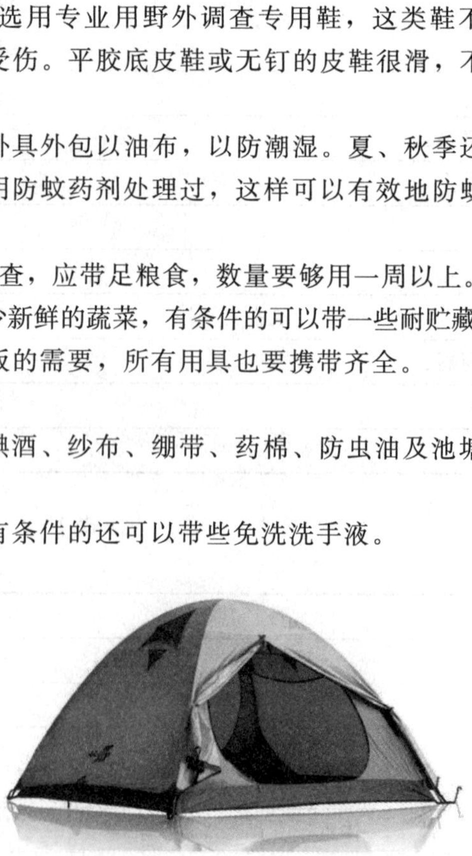

图1-1 野外常用小型帐篷

现推荐几部常用参考书籍：

[1] 郑作新．中国鸟类分布目录［M］．第1～2卷．北京：科学出版社，1955，1958.

[2] 郑光美．中国鸟类分类与分布名录［M］．北京：科学出版社，2005.

[3] 奥勃罗契夫．怎样研究我们的乡土［M］．侯学熹，等译．北京：中国青年出版社，1955.

[4] 郑作新，等．中国动物地理区划［M］．北京：科学出版社，1959.

[5]（俄）R. H. 布拉克斯克洛诺夫．农业益鸟的保护与招引［M］．郑作新，等译．北京：科学出版社，1956.

[6] 郑作新，等．鸟类图谱［M］．第1～2册．北京：科学出版社，1959.

[7] 钱燕文，等．中国鸟类图鉴［M］．郑州：河南科技出版社，1995.

[8] 施泽荣．黄海鸟类［M］．南昌：江西科技出版社，1990.

[9] 约翰·马敬能，等．中国鸟类野外手册［M］．长沙：湖南教育出版社，2000.

[10] 马久亮等．机场鸟类识别与治理［M］．北京：中国林业出版社，2003.

第二章 野外调查

机场及周边地区鸟类野外调查工作，包括下列基本内容：

（1）鸟类区系中种的组成；怎样在野外环境下识别鸟类。

（2）鸟类的生活习性；种群关系及生态位。

（3）鸟类的食性；食源的种类、数量及分布状况等。

（4）鸟类的数量统计（常见种、偶见种和稀有种）。

（5）鸟类的繁殖习性：鸟类鸣叫、交配、营巢、育雏等。

（6）鸟类的迁徙（春、秋两季迁徙情况）；飞行高度、速度、方向及种群量等。

野外鸟情调查人员每到一个调查地点后，首先要向当地村民、有经验的猎户以及林业管理部门的人员等进行访问。通过对鸟情信息的了解，使我们更进一步掌握机场及周边地区一年四季中什么鸟类比较常见？种群数量有多大？居留期有多长？在当地生态系统中有什么作用？对飞行安全和农作物有什么危害以及驱赶和控制的方法？这些信息可作为野外调查工作的参考资料；也可以使我们熟知所在机场的驱鸟方法及有害生物控制的措施。上述鸟情调查工作有利于联系群众，有利于鸟击防范技术普及。必要时，还可以邀请有关方面人员开座谈会，并请熟悉鸟情调查地区地形的人做向导。

白日在野外进行鸟情调查，晚上汇总当天调查的资料，把每个人在野外所观察到的鸟类，各种鸟类的习性、叫声、食性、迁徙等，分类而有条不乱地记录在汇报本上或录入电脑里。

汇总的记录，还要包括观察和调查的日期与时间、天气、温度、湿度、海拔高度以及具体调查或采集地点的生态环境等。可按表 2－1 格式进行详细填写。

表 2－1　机场及周边地区鸟情调查表

日期	天气	温度	种别	地点	海拔	生境	数量			鸣声	食性
							采到	见到	听到		
8.3 8.3 8.3	晴 晴 晴	8～21℃ 8～21℃ 8～21℃	蓝马鸡 赤麻鸭 白顶溪鸲	八宝 八宝 八宝	3200 米 3100 米 3075 米	云杉林内及金蜡梅灌丛中、莎草沼泽地、溪边岩石上	2 1 3	2 4 1 6 1 2	1 3	格啦—格啦 格—勒—勒	山柳叶，昆虫，高山参，种子莎草，田螺甲虫，田螺

一、怎样在野外识别鸟类

我国幅员广大，有荒漠、沃野，有滩涂、海岛，有草原、森林，有海拔 7000 米以上的高山、5000 米左右的高原，也有低于海平面 100 多米的盆地，自然环境条件是极为复杂的。生活在我国境内的鸟类种类非常丰富。目前，已知的种类有 1337 种。我们在进行野外调查时，可以运用检索表来检出所采获的标本属于哪一种。但还有许多我们没能采集获得的鸟类。这些鸟类出现的时间往往十分短暂，或在高空飞行掠过，或从机场上空过境，或由树丛中飞出……通常情况下，它们是短时间经过我们的时空或机场，然后很快就会隐藏在树林、灌丛或草丛中，甚至有时没有见到仅听到它的鸣叫声。要在短时间内立刻识别出它的种类，没有经过较长时间的野外训练是十分困难的。鸟类野外识别虽然难度很大，但是，我们可以根据一些方法来识别野外鸟类。

1. 羽毛

一般鸟类最易于区别的，莫过于它们羽毛的颜色。在一群鸟类中，人们首先看到的是鸟类的颜色。在颜色相近和远距离观察的情况下，还要以斑纹加以识别，通过望远镜找出具体的差别后，盯着某一特点进行比较，看清野外鸟类正常活动的体斑，包括翅膀、胸、腹、腰、尾羽的色彩。腹部和胸部是否有横斑、纵纹、斑点；体背和翼上是否有白色、黑色、红色、蓝色等斑纹；飞行时翼上是否有斑纹等。停栖时，斑纹、翅镜是野外最有效的识别特征。我们可以就羽毛的颜色，把野外所见的鸟类分成若干类。

(1) 鸟羽以黑色为最显著特征的种类：如鸬鹚（图 2－1）、黑鸦、夜鹭、黑鹳、黑水鸡（红骨顶）、骨顶鸡（白骨顶）、噪鹃、夜鹰、雨燕、蓝翡翠、家燕、黑卷尾、小乌鸦、秃鼻乌鸦、褐河乌、乌鸫、竹雀、家八哥、燕雀、蜡嘴雀等。

图 2－1 鸬鹚

(2) 鸟羽以黑色为显著特征的种类：如水雉（图 2－2）、蛎鹬、反嘴鹬、长脚鹬、斑啄木鸟、喜鹊、寒鸦、小燕尾、白颈鸦、大山雀、黑鹎、白头鹎、鹊鸲、白鹡鸰、八哥等。

(3) 鸟羽以白或灰白为最显著特征的种类：如天鹅（图 2－3）、池鹭、黄头鹭、白鹭、白鹳、白鹮、丹顶鹤、海鸥、燕鸥、白胸翡翠等。

图 2-2　水雉

图 2-3　天鹅

(4) 鸟羽以灰色为最显著特征的种类：如夜鹭（图 2-4）、灰鹤、渔鸥、须浮鸥、灰斑鸠、岩鸽、杜鹃、灰山椒鸟、灰卷尾、灰喜鹊、红嘴蓝鹊、褐头山雀、䴓、石雕、灰鹟、灰鹡鸰、灰伯劳、棕背伯劳、灰椋鸟、蜡嘴雀、乌灰鸫、赤颈鸫等。

图 2-4　夜鹭

（5）鸟羽以褐色为最显著特征的种类：如凤头䴙䴘（图 2－5）、豆雁、斑嘴鸭、鸢、鹰、隼、灰林鸮、东方角鸮、雕鸮、石鸡、鹌鹑、秧鸡、鸻、鹬、沙鸡、珠颈斑鸠、山斑鸠、鸱鸮、百灵、树鹨、田鹨、树鹊、画眉、鹪鹩、白腰文鸟等。

图 2－5　凤头䴙䴘

（6）鸟羽以绿色为最显著特征的种类：如凤头麦鸡（图 2－6）、绿鸠、绿背山雀、拟啄木鸟、白头鹎、柳莺、叶鹎、风头鹛、啄花鸟、领雀嘴鹎、凤头雀嘴鹎、暗绿绣眼鸟、灰头绿啄木鸟、蓝喉拟啄木鸟等。

图 2－6　凤头麦鸡

（7）鸟羽以红或栗或棕红色为最显著特征的种类：如池鹭（图 2－7）、雉、秧鸡、彩鹬、山鹬、鸦鹃、凤头杜鹃、白胸翡翠、戴胜、金腰燕、红山椒鸟、松鸡、红头鸦雀、红尾溪鸲、丽色噪鹛、普通朱雀、红尾鸫、红点颏、红臀鹎、鸲鹟、太平鸟、红尾伯劳、棕背伯劳、燕雀、朱雀、红交嘴雀等。

（8）鸟羽以黄色为最显著特征的种类：如牛背鹭（图 2－8）、红山椒鸟、黄鹂、黄腹山雀、黄臀鹎、金翅雀、黄雀、黄鹡鸰、白眉（姬）鹟、金头穗鹛、黄胸鹀等。

（9）鸟羽以蓝色为最显著特征的鸟类：如三宝鸟（图 2－9）、蓝翡翠、白胸翡翠、红嘴蓝鹊、八色鸫、矶鸫、蓝尾鸲、栗喉蜂虎、蓝点颏、白腹蓝鹟等。

用羽色来识别鸟类，往往由于光线的关系带来一些困难，如在光线暗淡的地方许多鸟羽又会呈灰暗的颜色，如果是逆光，颜色更是不易分辨，好像通体都是某一种颜色，这给初次到野外识别鸟类的人员带来一定的困难。为此，在野外识别鸟类时，还要结合其他的识别方法。

图 2-7　池鹭

图 2-8　牛背鹭

图 2-9　三宝鸟

2. 鸣叫声

在机场及周边地区进行鸟情调查时，能够熟悉各种鸟类的鸣叫，对于我们的调查工作有很大的好处。因为鸟类一般比较胆怯，常隐蔽在密林或树冠下面，不易发现。我们在进行数量统计时，往往采取听的方式。要熟悉鸟类的鸣声，就要多听，并将它们的鸣声记录下来。这样，经过较长一段时间的训练，就能从鸣声来区别出不同种类的鸟类。

苏联鸟类学家 A. H. 普罗姆托夫（1949）把鸟类的鸣叫声进行了如下分类：

第一组：鸣声很有规律，有明确的开始、中间和收尾，有时鸣叫声很短，如黄鹂（图 2－10）、原鸡等。

（1）鸣声几乎是单一的哨声，如朱雀（图 2－11）、柳莺、小鹀、黄鹀、旋木雀。

图 2－10　黄鹂

图 2－11　朱雀

（2）鸣声是哨声或者颤抖着的没有分成两部分，单纯的哨声几乎没有音节的鸟类，如三道眉草鹀、黄莺、噪柳莺、燕雀、鹡鸰等。

（3）鸣声显著地分成第一和第二两部分，如林鹨、小鹗等。

第二组：鸣声延续，没有明确的开始和收尾，有时拖得很长，如云雀（图 2－12）、金翅雀等。

图 2－12　云雀

图 2－13　柳莺

（1）哨声，没有颤抖和叫声，如柳莺（图 2－13）、黑头莺（图 2－14）、鹪鹩、林云雀等。

（2）很少鸣唱或几乎没有鸣声，平时只作啾啾声或颤抖声，如灰鹎（图 2－15）、白眉鹎等。

（3）鸣叫声很匆促，不是单纯的唧唧声，很短的鸣声，音调似比啾啾，声音响亮且十分复杂，如赤胸山顶雀、金翅雀（图 2-16）等。

第三组：鸣叫声由几个短音组成，很清楚地隔开和重复许多次，或按一定的次序以很短的停歇相互更换（如杜鹃、歌鸲等）。

图 2-14　黑头莺

图 2-15　灰鸫

（1）音调很少，但是重复很多次，如杜鹃、棕柳莺、白腹鹟等（图 2-17）。

图 2-16　金翅雀

图 2-17　白腹鹟

（2）不同的音调，有时很多，组合成响亮的“字”“字”的重复音调，而且“字”很明显，以不长的停歇按一定的次序鸣叫。停顿比较显著，歌声不急，最典型的鸣叫声，如歌鸲等；停顿很模糊、歌唱急促，如大苇莺（图 2-18）等。

第四组：歌唱仿效其他的鸟类，如乌鸫、棕背伯劳（图 2-19）、欧椋鸟等。

图 2-18　大苇莺

图 2-19　棕背伯劳

3. 形态特征

鸟类的形态特征是我们野外识别它们的重要依据之一，如嘴的形态：嘴长的有鹤类、鹭类（图 2 - 20）等；嘴大的有鹈鹕、犀鸟等；嘴向下曲的有环鹭、戴胜（图 2 - 21）等；嘴向上翘的有反嘴鹬等；嘴呈交叉状的有红交嘴雀（图 2 - 22）；嘴呈蜡质状的有黑头蜡嘴雀(图 2 - 23)等；嘴呈琵琶状的有白琵鹭（图 2 - 24)、黑脸琵鹭等；嘴壳上短下长的有剪嘴鸥(图 2 - 25)。

图 2 - 20 小白鹭

图 2 - 21 戴胜

图 2 - 22 红交嘴雀

图 2 - 23 黑头蜡嘴雀

图 2 - 24 白琵鹭

图 2 - 25 剪嘴鸥

4. 生活习性

鸟类的生活习性也可以作为野外区别的标志。如飞行的特征：直线飞行的有鸭类、乌鸦；常常滑翔的有鸢等猛禽类；波浪式飞行的有鸽、雀类；飞行迅速，但常常会迅速改变方向飞行的有燕子、雨燕。此外，如行走姿态、栖息姿态都有助于我们在野外识别鸟类。

二、鸟类生活习性的观察

关于鸟类的生活习性，野外观察应注意以下几个方面。

（1）栖息环境：在大自然中，由于生活习性不一样，鸟类的栖息环境也各有不同。是在森林［热带雨林（图 2 - 26）、针叶林、阔叶林、混合林］、灌丛、沙漠（图 2 - 27）、芦草、沼泽，还是在河流、大海、草地、滩涂、园林苗圃、农田（图 2 - 28）、半沙漠？它们栖息的地方海拔多少？栖息地的地形是平原、丘陵，还是高原、高山山谷？如栖息在水中，究竟是在溪流、江河、湖池，还是在海滨、近海或远洋？同时，对于栖息地的土壤以及物理化学条件（如温度、湿度等）都应予以注意，并做好详细的观察记录。

图 2 - 26　热带雨林

图 2 - 27　沙漠

图 2 - 28　农田

（2）各种鸟类栖息的高度及生态位：它们平时是在树顶或是低枝、中部、主杆上，还是在灌木丛、草丛、地面或洞穴中？

（3）在日常活动中，它们飞翔、奔走（图 2 - 29）和栖止的姿态怎样？飞行的速度多快？

图 2-29 奔走的红耳鹎

(4) 在不同季节、不同气候条件下，鸟类是单独、成对，还是结群活动？群集情况怎样？

(5) 不同季节，鸟类的鸣叫怎样？日常是什么音韵？特定情况下是什么音韵？怎样识别？鸣叫频率怎样？有无变化？

(6) 鸟类平时食性怎样？不同季节有什么变化？何处取得食物？主要食物为什么种类(图 2-30)？兼食什么种类？怎样吃食物？

图 2-30 翠鸟捕鱼

(7) 在野外怎么区别雌雄？它们的活动怎样？有什么差异？主要在什么时候？鸟类不同季节，其家族互相之间的关系怎样？

(8) 鸟类的种间关系怎样？有什么天敌（图 2-31)？对鸟类种群的自然控制率有多大？

(9) 鸟类一般日活动范围多大？何时开始活动？何时休息？活动频率怎样？季节对活动的影响有多大？日进食次数多少？季节对进食次数有无影响？天气、温度、光照等对它们的活动有无影响等。

(10) 在机场及周边地区，分布密度怎样？常见分布在什么区域？在观察时间内，数量有多少？如有整年时间进行观察研究，还应注意鸟类习性的季节变化、繁殖、换羽、迁徙、越冬等过程。

图 2-31　鸟类的天敌

三、鸟类的食性分析

鸟类的食性怎样，是研究鸟类生态学的重要问题之一。鸟类吃些什么？它对农林业的危害怎样？它们在觅食过程中，其飞行活动和集群量等，对机场飞行安全构成的威胁有多大，其评判依据主要取决于此。鸟类食性和食量的研究，可从以下四个方面进行研究。

1. 野外观察法

在野外调查时，遇见鸟类觅食，就应当注意观察它们吃了些什么？是在什么地方觅取到食物（是从空中捕捉或由地面获得，是从树枝上或从草丛、灌木丛中获得，还是通过钻凿树皮获得）？但这个方法不是经常使用的。因为隔着相当一段距离往往不容易观察到，或观察得不清楚，而且还有观察得不够精确的可能。因此，对野外鸟类食性的研究，不仅需要有较高的专业经验，而且需要有较高的综合生物学知识等。值得一提的是，野外观察鸟类的食性，除了上述必备的知识外，还必须耐心、细心和专心，没有这一点，拥有再好的专业知识都难以获得准确的资料。

2. 鸟胃剖验法

在野外采集到鸟体或在机场内场区网上获得鸟体后，首先，剖开它的胃（如有嗉囊，也同样进行处理），并将内含物放在玻皿内，用水稀释，再把所含的食物加以分类。然后，把各类食物放入量管，用量管分别计算出它们的体积（通常是以 c. c. 为单位的）。许多鸟类虽然经过野外的鉴定，但由于文献不齐全，也可能会在鉴定上出现差错。因此对鸟体胃内的食物进行分析后，还要把鸟的野外采集号记录下来，以便将来查对。有时我们不能立刻把鸟胃剖开来检查，就用一小块纱布把它包起来，并系上用墨汁或铅笔写着编号的标签，并将它放在贮有 75%的酒精或 5%的福尔马林溶液的玻璃瓶或其他盛器中。此外，为了更确切地鉴定植物性和动物性食物的种别，还应采集一些与鸟胃内含物相似的植物、昆虫和其他动物，以便在室内研究时进行对照。

在自然条件下，外界的生态环境有季节的变化。鸟类在一年内的食性也可能有变化

（有些鸟类变化很大，如机场常见的麻雀等），因此，鸟类食性的研究，一般要进行全年的周期性研究。在研究过程中，每个月都应剖验一定数量的标本。当然，剖验标本愈多，结果也愈正确。由鸟胃剖验，计算出某一种鸟类在机场及周边地区究竟吃了哪些食物？吃了多少？吃了多少次？所吃的各种食物占全年或全月中食物总量的百分比为多少？记录格式用专门的表格进行统计（表 2－2，表 2－3）。再据机场及周边地区的农作物播种、生长、收获情况，野生植物种子及各种昆虫情况等加以分析，最后确定在自然条件下，某一种鸟类的食性及它们对农业的危害关系；在机场及周边地区种植什么作物，哪些杂草及昆虫是招引鸟类的食源等。

表 2－2　鸟类食物分析表

标本号数：　　　　　　科名：
采集地点：　　　　　　学名：
采集日期：　　　　　　中文名：

	项　目	个数	实得数量	估计数量
动物性食物				
植物性食物				
其他				
备注				

检 验 者：
检验日期：

表 2－3　鸟类食物分析表

食物种类	一月	二月	三月	四月	五月	六月	七月	八月	九月	十月	十一月	十二月	总计

3. 室内饲养法

关于鸟类食量多少的研究，可采取室内饲养的方法。在适宜场所用一盛器，内置这种鸟类嗜吃的各种食物，并计算所用的各种食物的数量（通常以重量来计算）。隔一定时间，如 12 小时或 24 小时后，把食物收回，计算出剩余量，就可以获得在一定时间内鸟类吃的数量，从而计算出鸟类的食量大小。

4. 雏鸟扎颈法

雏鸟扎颈是野外研究鸟类食性最常用的一种方法，通常是用一根细绒绳，把巢中雏鸟的脖子拴住。线栓的松紧以雏鸟不能将食物吞下为度，若拴得太紧，会将雏鸟勒死（参见图 2-32）。在亲鸟衔食喂雏飞去之后，即将雏鸟嘴中的食物取出检查。必须注意，扎雏的时间不能过长，一般以 1～2 小时为限，否则，雏鸟会因为得不到食物而死亡，而且做此实验的雏鸟不得同时再做雏鸟体重变化的实验，否则，会影响它体重的正常变化。由这种方法不但得知雏鸟吃了些什么，而且还可以算出亲鸟每次喂了多少，且所得的食物标本完整无缺，便于检查。若进行全天观察，要把亲鸟喂雏的次数观察、统计准确，这样就可以统计出雏鸟整天的食量。

图 2-32　雏鸟扎颈方式图示

四、鸟类的数量统计

为了进一步掌握鸟类的生活规律，在野外工作时，还应该进行数量统计的研究。从这些统计资料，可以确定各种鸟在机场及周边调查地区的分布密度，从而推测获知它们彼此间的种群消长关系以及与鸟击征候产生的关系。特别重要的是，要在当地区系中发现优势种，并着重研究它们的生活和繁殖习性，以获取它们有益或危害飞行安全方面的情况，从而提供对它们进行控制的科学依据，达到鸟击防范的目的。

鸟类数据统计的结果，还可以为新机场的建设区划提供科学的参考。动物的地理区划，不仅要根据各地动物区系的种的组成，而且还要根据种的分布密度，并在各区中着重研究优势种以及它们对当地环境的适应和影响，这样才能适应鸟击防范实践的要求。自 20 世纪 60 年代中期开始，国际鸟类学会专门成立了一个机构——国际鸟类数量调查委员会，其目的是要统一鸟类数量的调查方法，以求得全世界不同地区鸟类数量统计方法的一致。

一般情况下，鸟类数量统计的方法有以下两种：

1. 相对数量统计

（1）样方统计

样方最好选择典型地区，就是最具有代表性的地方。采取的面积可按具体情况决定，通常为 10000 平方米（100 米×100 米）。确定了样方的范围后，再划分为若干地区，逐区仔细地搜索，把发现的巢数记录下来，就可以估算出整个考察地区繁殖鸟类的分布密度。

（2）路线统计

进行数量统计所选定的路线必须是调查地区中在地形、植被等方面具有代表性的地带。调查带的宽度，因环境条件的不同而各异，但主要根据视野和听觉的范围来决定，在野外，一般为 25～50m；在内场区通常为 50～100m。长度一般不宜过长；为了便于计算，长度大多采用 1km。可以根据自然环境的不同，再分为若干地段。如果考察地区的环境比较复杂，就要采用更长的路线，但是，通常不要超过 6km。

① 进行统计时，必须携带笔记本、铅笔、望远镜、计数器、手表等。

② 在野外统计鸟类数量时一定要非常专心，因为鸟类有时会很快地从树枝或者从树上落至地下，稍一疏忽，就容易把它们漏过；在内场区鸟类也会隐藏在草丛或排水沟中。

③ 自然界中有许多鸟类，平时不易遇见，只能听到它们的鸣叫声。因此，在进行数量统计之前，必须熟悉考察地区鸟类的种的组成，特别要熟悉它们的鸣声。

④ 统计的时间最好是在 7：00～10：00（内场区在 6：00～9：00）及 15：00～18：00（内场区在 15：00～19：00），夏季可晚一些，因为这段时间内鸟类比较活跃。

⑤ 统计工作以营巢期为重点，因为此时鸟类的生活基本稳定下来，活动的区域也比较固定。当然，在其他季节也可以进行，如冬季或者春、秋迁徙期间。

⑥ 为了数据精确，进行统计工作时要选择晴朗、没有大风、比较温暖的天气。因为不正常的天气，影响鸟类的活动情况，统计结果的失误也就较大。机场及周边地区的鸟情调查，仅凭一次的统计是不够的，而要在相近似的天气里连续进行 3～4 次的同步统计，才能保证统计数量的准确性。

⑦ 在统计时，一般只记录在前方或左、右两侧所遇见的鸟类，而不回过头来记录身后的，因为回过头来再登记就会增大统计的误差。有些鸟类如黄鹡鸰（图 2－33）、鸻类等，有长时间跟在人后面的习性。

图 2－33 黄鹡鸰

⑧ 进行统计时前进的速度每小时约为 3km；在统计过程中，不要时快时慢，以匀速为宜。当发现比较奇特的鸟类或其他情况时，也不宜停下来，否则会影响统计的精确性。

在进行鸟类统计时，所见到或听到的鸟类，可依表 2－4 所示登记在随身携带的笔记簿里。登记时，可依“正”字的写法，每见一鸟，即添上一画，如“一”“丅”等，以为记载。鸟数多时，可用“∞”符号，或记其约数。至于听到的鸟，可记在“听到的”

栏中。

表 2-4　鸟类种类数量统计表

种别	水中	地上	草间	树上	空中	听到的

每隔相当时间，就要把统计结果按统一格式（表 2-5）汇总。

表 2-5　鸟类调查汇总表

种别	5 月 15 日	5 月 17 日	6 月 2 日	6 月 4 日
画眉	2	2	4	8
大山雀	8	11	12	10
红尾鸲	2	2	1	2

依上述统计资料，就可知道机场鸟情调查地区内鸟类的种类和它们数量的比例。就它们的种类来说，一般可分为三级，即优势种、常见种、稀有种，其中，每一级要比临近的一级小或大 10 倍。优势种在每一个景观内只有少数的几种；普通种的种数视机场及周边地区而异，一般在 10～20 种；其他的种类都属于稀有种和非常稀有种的范畴。

目前，有许多学者对鸟类等级的划分采用只/时的表达方式，即每小时遇见率。还有一种表达方式是以数量级表示。如优势种为 10 只以上/时；常见种为 1～9 只/时；稀有种为 1 只以下/时。

(3) 线-点统计法

该方法是由路线发展而来。具体做法如下：

① 选择路线，熟悉并记录路线上的植被特征。

② 绘制出调查路线草图。

③ 确定路线上的观察点，观察点间距离固定，一般每 200 米设一个观察点。

④ 沿预定的路线行走，行走时不做鸟类数量统计，每到达一个观察点时，停留 3 分钟，将所看到及听到的，位于观察点附近的鸟类种名及数量标记草图上。一般可重复 3～5 次。

这种方法可在有条件的机场及周边地区进行，骑自行车或开汽车来统计鸟类的数量。

鸟类数量级除了上述等级外，还可采用频率指数估计法来划分：

在调查期间，可依据各种鸟类遇见的百分率（R）与每天遇见数（B）的乘积（RB），来进行鸟类数量等级的划分。具体计算如下：

$$R=\frac{\text{遇见鸟类的天数}(a)}{\text{工作总天数}(D)}\times 100 \quad \text{式}(2-1)$$

$$B=\frac{\text{鸟种的总数}}{\text{工作总天数}} \quad \text{式}(2-2)$$

式中，R 为某种鸟类遇见的百分率；B 为平均每天遇见的数量。RB 乘积数，凡是在500 只/天以上的为优势种；200～500 只/天的为常见种；200 只/天以下的为稀有种。

2. 绝对数量统计法

绝对数量统计法是生态学密度统计方法。它对种群、群落和生态系统的研究十分重要。这种方法可分为两大类，即样地统计法和条带统计法。

(1) 样地统计法

① 样地重捕法：在选择的样地中，在较短时间内捕到一定数量的鸟类，并给它们做上标志，如给其戴上铝环、彩环等，立即放回，然后再重捕。以下列公式计算其种群密度。

$$C=\frac{mn}{XA} \qquad 式\ (2-3)$$

式中 C 为样地的种群密度（只/公顷）；

A 为样地面积（公顷）；

m 为标记的鸟数（只）；

n 为重捕的鸟数（只）；

X 为重捕中已标记的鸟数（只）。

此法广泛地使用在集群和非集群性定居鸟的种群或混合种群的密度调查中。但是，这种方法一般适用于密度较大的统计。

使用这种方法的前提是：A. 统计时没有迁出和迁入；B. 不同年龄与不同性别均有一致的捕获率；C. 鸟类是均匀分布的，都有同样的捕获概率；D. 统计时鸟类无死亡。

② 样地鸟巢统计法：这种方法仅限于繁殖季节。其操作很简单，要求最大限度地把样地内所有的鸟巢寻找到。以繁殖鸟的巢数来估计种群的密度。

具体做法：A. 找好样地。样地面积为 10 公顷以上为宜，一般要求是正方形；B. 把样地划出方格（小区），编上号，做一张地图；C. 填好鸟巢位置；D. 记录好发现的日期及巢期各阶段。

寻找鸟巢是一件不容易的事，怎样去寻找呢？寻找鸟巢的时间以筑巢期和育雏期最为适宜。鸟类在筑巢或育雏期，亲鸟要不断返回巢地，并且嘴里都叼着食物，只要我们注意观察，并在发现时跟踪追击都会寻找到。

寻找鸟巢要注意下列各项：A. 了解鸟种的巢穴位置，如地面、树洞、树枝、土穴等。B. 繁殖期鸟类活动的地点是固定的，鸟类经常活动（如鸣叫、取食、格斗等）的地点往往是它们巢所在地。C. 根据鸟种的习性。鸟类返回巢地时都很隐蔽，行动很诡秘，附近可能是它的巢地；鸟在孵卵和育雏时，人走到附近一般不飞起，而是隐蔽不动，当人走到巢旁时，鸟突然从巢中飞出，并以受伤的姿态飞向相反方向，以引诱人离开。看到这种跛行行为时，不要跟随鸟走，而巢就在附近，仔细寻找便可找到。如鸦类等都有此行为。D. 下苦功夫寻找。这种鸟很机警，鸟巢十分隐蔽，这时要在样地的小区内仔细地寻找，但要躲在不容易被鸟发现的隐蔽地方，每个地点要待 30 分钟或 60 分钟。E. 根据鸟类营巢环境来寻找。每种鸟营巢都有大致相同的环境条件。当遇到一个巢时，注意观察巢周围的环境条件，并做出记录。当再遇到这种环境时，又有此鸟在附近活动，只要仔细寻找便可找到。F. 在开阔地区，可用长 30～50 米的绳子，由两人横走来惊飞集中的鸟，并及时记录和寻找，也可收到良好的效果。寻找鸟类的巢是件很苦的工作，也是一件不易做好的事情。但是，每种鸟都有较固定的环境条件、巢位、活动习性等，只要找到第一个巢就不难找到第二个，只要找多了就自然会寻找到规律。

③ 样地巢区配置法：这种方法主要用于有巢区特性的鸣禽类。在繁殖季节，雄鸟保护巢区，并不断鸣唱，这时也是鸟类活动较稳定和固定的时期。从雄鸟经常鸣唱的位置确定它们的巢区，从而可以计算出样地内种群的繁殖对数。

具体做法：A. 在样地内打 50m×50m 的正方形格子，在每格的四角点涂上颜色，编上号码，距地 1～1.5 米；B. 根据方格作出地图；C. 填上鸟类鸣唱的位置，划出巢区大小。需要注意记录和观察下列各项：A. 样地内种类较多，繁殖期各不相同，所以调查时间应长一些，一般 4～8 月为宜；B. 每次统计要在日出后半小时进行，每次统计要连续4～5天；C. 天气条件、时间因素要一致；D. 每次统计要事先准备好一张地图。

最后，把这几天的地图进行对照，标出某种鸟的巢区，从而确定样地中的繁殖对数。

④ 样点统计法：这种统计方法是在线路统计方法的基础上发展起来的。

具体做法：A. 选择样地，依不同生境选择统计点；B. 记录各点周围环境的特征；C. 于清晨对各点的鸟类逐次统计，记下听到及见到的鸟类种名和数量。把选定的各点做标记，以备在不同时期隔一段时间进行重复，以便获得鸟类群落结构及其动态资料。此法可用以研究迁徙及越冬鸟类。

此法还可在样地中心设观察点，统计时间 5～20 分钟不等，要依据研究对象而定。标准确定后，应多年不变，以便进行对比。

（2）条带统计法

① 条带最大计数法：这种方法多用于非繁殖季节。这是线路统计的另一种形式。

具体做法：A. 选择一个条带。一般环境应一致，面积不小于 10 公顷，宽度为 50 米。B. 记录观察者在条带上听到和见到的鸟种和数量。C. 统计结果的计算方式：$C=10000N/2TW$。其中，C 为种群密度（只/公顷）；N 为实际遇见总数；T 为条带的长度（米）；W 为 1/2 条带密度（米）。

这种方法有两个假设：A. 在条带中，鸟的分布是均匀的。B. 在调查统计时，观察者所遇到的鸟反映了整个种群的数量，即 100%。为使两个假设成立，要注意下列各项：A. 条带面积力求大一些，不少于 10 公顷，其宽度应以观察者能够发现为准；B. 观察者步行速度要均匀；C. 栖息地的结构要力争一致；D. 天气条件、时间要一致；E. 观察者要有熟练的观察技术；F. 由于这种方法统计误差较大，所以要注意多次统计。

② 惊动距离测定法：当观察者在条带上行走时，其四周鸟类被惊动，并记录下来。测出观察者走的路线与受惊鸟的垂直距离，便可计算种群的密度。

具体做法：A. 选择一个条带。B. 观察者在条带上均匀行走。C. 受惊鸟的记录。D. 测出行走路线与受惊鸟的垂直距离。E. 用公式计算：$P=AZ/2YX$。其中，P 为种群数量；A 为调查总面积；Z 为全部受惊的鸟数；Y 为平均惊动距离（鸟与观察者的垂直距离）；X 为条带的长度或观察者所走的距离；$2Y$ 为 2 倍的平均惊动距离，即条带宽度。

这种方法也对开阔地区鸟类（如草原、草甸等地的鸟类）较为适宜。也可乘汽车统计。

（3）鸟类的生产力研究

鸟类的生产力包括两方面，一是机体组织的生产，亦称生长生产量，用符号 Pg 表示；二是繁殖的生产，以生产的后代来计量，又叫生殖生产量，用符号 Pr 表示。这样生产力即 $P=Pr+Pg$。这两个方面都是需要研究的内容。

现存量的调查及方法：现存量也称生物量。它是某一种群或某一营养级在某个一定时间内单位面积上个体的数量。如果以生物量表示，其单位可以是重量，以鲜重、干重、无灰重、能量（卡值）表示。

现存量的调查方法与鸟类绝对数统计相同。但应注意：A. 一年四季的现存量变化；B. 种群结构和数量发生变化时，尤其雏鸟离巢时，数量会突然成倍增加，注意掌握这个时期数量较多的种类，连续记录很多对的繁殖资料，看不同的月份中产卵巢的数量绘图，看繁殖高峰出现的次数，可提供繁殖次数；C. 使用整个种群繁殖季节长度与一对鸟繁殖一窝所需的时间长度之比值来估算。如果比值为 2，可以繁殖两次。

（4）窝卵量、卵重及卵的卡值

要计算窝卵数也有很大种间差异。这种变化既有遗传特性因素的作用，也有环境因素的作用。窝卵量变化一般受纬度、经度、年龄、食物供给、繁殖的时间或季节、海拔高度、栖息地、种群密度和巢的位置等影响。

卵的生物量以鲜重、干重或卡值表示。

（5）繁殖成效

从卵发育到性成熟的个体进入种群，这个阶段的成功率，即为繁殖成效。

记录下列各项：A. 卵的损失率；B. 巢中雏鸟损失率，早成鸟记录；C. 卵的孵出率；做雏鸟的阶段种群成活曲线。

（6）雏鸟的体重生长

它的计算前文已叙述，现不赘述。

（7）羽毛的生长量

绝大多数鸟类每年换羽一次，多发生在繁殖期以后。方法：A. 直接称量全部羽毛量；B. 间接估量法，即利用羽毛量和体重存在的指数关系：$P=0.09W$。其中，P 为羽毛重量（克），W 为鸟的体重（克）。如已知鸟的体重，羽毛重量即可估算出来。

五、鸟类的繁殖习性观察

鸟类的繁殖习性可分为三个时期，在机场周边地区进行夏季鸟情调查时，应着重对这三个时期进行观察。

1. 巢期

它们在何处筑巢？用什么材料？这些材料是由何处取得的？巢的形状、大小怎样？结果怎样？筑巢要几天完成？在营巢期间是否雌雄共同营巢？

在鸟类营巢期前，除要注意观察雌雄鸟的发情、交配等情况外，还需要掌握营巢前鸟类鸣叫声的变化，如鸣叫的频率、鸣叫时间的长短、鸣叫的目的等。

2. 卵期

从鸟类产卵开始，就应该注意卵的颜色、大小、重量、数目等。它们是在巢筑完成后才开始产卵，还是在将要完成时就开始产卵？每日什么时间产卵？每次产卵间隔多久？每天产一个卵，还是隔天产一个卵？头产的卵和后产的卵外观颜色有无变化？最后一个卵有没有什么特异（如大小、形状有没有变化等）？孵卵是从什么时候开始的？孵卵工作由雌鸟承担还是雄鸟承担？或由两者共同担任？孵卵期间亲鸟的活动怎样？与天气、生态关系怎样？孵卵的温度怎样？何时孵化？孵化率怎样？没有孵出的卵结果怎样？等等。

3. 雏期

初期孵化的雏鸟体重有多少？是被有绒羽还是裸露？是开眼的还是闭目的？如闭目几天开眼？每天的喂雏次数是多少？雏鸟吃的食物是什么？雏鸟在发育的过程中所食的东西有无变化？育雏是由雌鸟承担还是雄鸟承担，或者共同承担？在育雏期亲鸟怎样保护雏鸟？亲鸟觅食的范围怎样？雏鸟体重的增长，羽毛、羽域的发育情况怎样？雏鸟何时离巢？离巢后，雏鸟的习性怎样？雏鸟与亲鸟的关系怎样？雏鸟的成活率怎样？此外，鸟巢的周边有哪些天敌？等等。

至于亲鸟一年繁殖几次、雏鸟何时性成熟、一年间换羽的次数等情况，只有通过正常观察或利用环志的方法，进行多年的采集，才能获得准确的数据。

在观察时，特别是在接近鸟巢时，一定要小心、隐蔽，不能让它们发现；行走要慢，动作要轻，不要乱动或喧嚷，以免惊动它们；更不要用手或其他东西去动巢和卵。因为有许多鸟类，一旦发觉卵被动过，就会弃巢而去。但需要注意的是，雏鸟孵出后，亲鸟一般就不轻易离巢了。

由于收集鸟类繁殖期的资料，对研究基础鸟击灾害的防范具有重要的现实意义，因此，对鸟类繁殖期的观察与研究的任务很重，一个人往往难以承担。如果有 6～8 人协作，可以每天或每隔一天轮班观察，从筑巢开始直到幼鸟出飞，进行有系统的观察。如果只有一个人，就应在繁殖期的不同阶段，每日在不同时段内作连续 3～4 小时地观察，如第一天在 5：00～9：00 观察，第二天就从 9：00 开始进行观察。这样，也可以对鸟的繁殖习性有比较全面的了解。

六、鸟类迁徙的研究

1. 观察法

一般观察研究鸟类迁徙是在野外进行的。在进行迁徙观察时，必须准确地把所见鸟的种类、数量，迁徙的高度、速度和方向以及当时的气候条件等情况全部记录下来。同时，还应尽可能地观察候鸟最初出现的日期、数量的变化和最后迁徙的时间。唯有在大量观察的基础上，才能掌握这些鸟类在机场及周边地区的迁徙习性。

观察法在观察鸟类迁徙上存在着很大的局限性。首先，由于参加收集资料的人的观察可靠（指在野外识别鸟类种类）程度不同，因此所得的结果难免存在误差。同时，对鸟类迁徙的观察研究，并不是在所有的机场或地区都能进行，有时在某些地方进行是极为勉强的。另外，有些地方是鸟类迁徙的中心点，而这些地方的自然环境往往比较特殊，如高山、空旷的草地、富饶的湖泊、海岸或岛屿上的灯塔、河流或已经干枯的旧河道等。

通过观察法我们得到的材料主要是候鸟在正常天气的季节性迁徙的日程。

2. 环志法

环志工作也是研究鸟类迁徙的一种方法。用环志法可以辅助野外鸟类观察法，以弥补观察法的局限性。

环志法就是用铝塑料或特别坚固的铝合金制成脚环。环的大小要与该鸟类跗跖的粗细相适应，而环的重量应是鸟重的0.03%～0.04%。环志鸟类不但要选择大群的，而且要有目的地进行，否则，由于套环的分散，收回得太少就难以得出结果。

我国现用的不同规格的脚环列表见表2-6。

表2-6 鸟类不同规格脚环统计表

脚环号码	脚环内径（毫米）	脚环高度（毫米）	脚环厚度（毫米）	适合类型
A	32.0	15.0	1.8	鹈鹕
A	20.0	12.0	1.5	灰雁、天鹅
A	17.0	12.0	1.5	鹳
B	14.0	12.0	1.2	苍鹭
C	12.0	10.0	1.2	鸠鸽
D	10.0	10.0	1.2	绿头鸭
E	8.0	9.0	1.0	鸥、隼
E	6.5	7.0	1.0	丘鹬
F	5.0	5.0	0.8	椋鸟、鹟
F	4.0	5.0	0.6	灰雀、山雀
X	3.0	5.0	0.4	柳莺
Y	2.5	3.5	0.3	燕

环套在鸟的跗跖部（图2-34），松紧合度，以后就不会脱落，环上要刻有环志站的名称、顺序号码等。

图2-34 环志雀形目鸟类

在套环的同时，要有详确的记录。一般采用卡片的方式，每个环号用一张卡片。卡片上记录下环志的号码，鸟类的名称、雌雄、老幼，环志地点、日期等，格式见表 2－7。

表 2－7　鸟类环志登记表

（正面）

环号	
鸟的名称	
雌雄	
老幼	
套环地点	
套环日期	
套环者	

（反面）

捕获日期	捕获地点	备注

鸟类环志需要做持续大量的工作，才能获得有价值的资料，并且要有组织地进行。我国有专门的鸟类环志中心，英国、美国、法国、加拿大、俄罗斯、日本等也有环志中心组织。因为鸟类的数量众多，如果环套的少了，收回率就极小，甚至没有结果。因此，要求每一个环志地点，至少要环志每种鸟 50～100 只。同时，还要多向广大群众进行宣传，做好鸟类环志的科普工作，这样，他们在任何地方捕获了戴环的鸟，都知道要把环取下来寄给环志中心或林业部门，或者给戴环的鸟拍照、记录环上的记载文字，然后重新放回自然界，把照片及文字资料寄给当地林业局或国家环志中心。

由环志工作所得的资料，可以知道鸟类由环志的地点向何处飞去、飞行速度（通过环志地点、环志日期及捕获日期和地点来推算），以及鸟类怎样选择它们的迁徙途径、越冬地或繁殖地。由于环志了某一地区营巢的鸟类和它们的幼鸟，就能获得关于鸟类寿命、性成熟、羽毛发育和其他有关生活史问题等的详细资料。环志所得的资料还促进了自然保护区的建设，以及鸟类资源的保护、有害鸟类的控制、禽流感的防治、鸟击灾害防范等现实问题的解决，并为合理利用野生鸟类资源，促进鸟类平衡以及鸟击灾害预测预报等提供了科学依据。

3. 卫星、雷达及无线电跟踪观察法

目前，国内外许多学者利用卫星展开观察、跟踪某种珍稀鸟类和季节性鸟类迁徙的研究工作，并取得了一些成果。对有些中、短距离鸟类迁徙的观察，就是利用雷达扫描来跟踪鸟类迁徙路线、飞行高度、速度、方向及种群数量等。也有利用无线电跟踪测定仪，来跟踪了解鸟类的飞行速度、途中居留时间及飞行距离等信息。随着科学技术的发展，我国在鸟类迁徙研究方面有了长足的发展。

第三章　鸟类标本采集和制作

一、狩猎工具

采集鸟类的工具很多，如诱笼、夹子、张网、拉网、猎枪、弹弓、弩等。目前，机场采集鸟类标本的工具主要是鸟网和猎枪两种。

1. 鸟网

网具中使用张网较广。张网是长方形的，网眼和使用的网索依所要捕获的对象而各有不同。如捕捉麻雀那样大小的鸟，网眼直径以 1.8cm 为宜，网的长度为 3～5m，宽为 1.5m。网的上下两边及中部穿贯以较粗的绳索，以便张挂。网用长竿与地垂直而挂，网的背后要有树木或灌木，使得飞鸟在距离较远处不易发现有网。捕捉者在附近将鸟往张网的方向赶去。小鸟触网后，就撞落在网内。由于捕鸟的网具、笼具等往往不能大量携带至野外，且使用也不方便，所以，在野外进行鸟情调查时，使用枪击法比较便利。此外，在机场内场里架设的防鸟网（图 3－1），有时也能采集到各种鸟类，可用于制作标本。但要注意，凡是利用机场防鸟网捕获的鸟类，都要及时取下并去掉网线，防止时间长了，导致鸟类的羽毛受到损伤，甚至折断。

图 3－1　机场内架设的防鸟网

2. 猎枪

猎枪的形式通常有三种：单筒式、双筒式和三筒式。猎枪的枪机（扣机）分明机、暗机两种。明机式样老旧，现已不多用。猎枪的枪管有粗细不同（12 号、16 号、20 号不等，型号越大，口径越小）。子弹有大猎枪子弹和步枪子弹之分。通常打步枪子弹的枪管较细，内壁都有膛线（来复线），其作用是稳定弹丸在空中的方向。枪管一般长 70cm 左右。枪管长，射程就远，准确度也高；但是，枪管过长，携带就不方便。

（1）枪的种类与形式

常见的单筒式枪有土枪、气枪、单管猎枪和连发式猎枪等。

土枪（图 3－2）：制造极其简单。一般使用土枪时，将火药由枪口中灌入，用通条填实，然后倒入弹丸。见到猎物时，将枪机搬起，对准目标，扣动扳机，即完成射击动作。再用时仍要重复前述动作。这种枪使用很不方便，威力也不甚大，射程仅 20～30m，装药和射击时也易失误走火，故野外工作者们不常使用。但是，由于其制作简便，价格低廉，目前，一些山区农村中仍有少数村民使用，特别在少数民族地区。

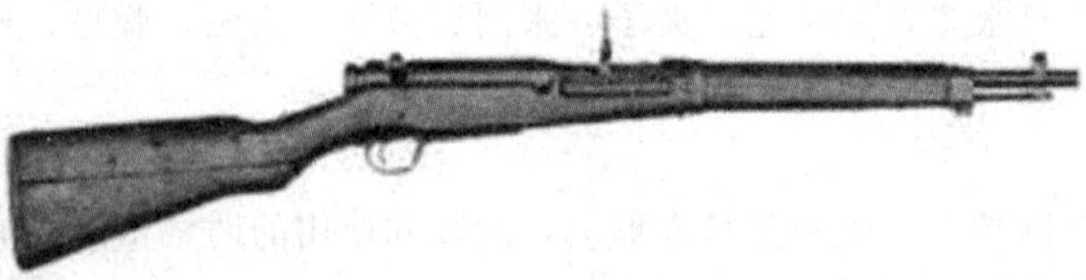

图 3－2　土枪

气枪（图 3－3）：制造简单，枪身轻巧。枪弹的射出是用压缩的气体来推动的。每次只能装一小颗特制的弹丸进行射击（国内很多地方可生产一种一次能装 24 粒弹丸的新式气枪）。此种枪威力甚小，仅能射击距离 10m 左右的小鸟，因此不能把它作为专门猎取鸟类的工具。

图 3－3　气枪

单管猎枪（图 3－4）：过去从国外进口，现国内已开始制造。使用时，向右扳动机柄，枪管即折离枪身，把子弹装进枪膛，再将枪管还原，把机柄后面的保险机打开（向前推），即可瞄准，拘扳机射击。每次仅能装、射一发子弹。射击后，复搬机柄，枪管折离枪身，用手取出空弹壳。新式猎枪在枪管折离枪身时，空弹壳可自行从枪膛中跳出。这种枪构造较简单，使用、携带较为便利，威力也较大，射程可在 50m 左右。

图 3－4　单管猎枪

连发式猎枪（图 3－5）：分三连发和五连发猎枪。此种枪为新式猎枪，一次可装入 3～5发子弹（弹仓内 2～4 发、弹膛内 1 发）。发射后，由于产生后坐力和内部的机械作用，可自动退出空弹壳和自动上弹，因此有半自动枪之称。因其射击迅速，用于采集猎物很方便，但在野外进行广泛采集时，因猎取物的大小时有变动，使用的弹丸也需随之不断更换，往往会失去射猎良机，所以不甚适宜。

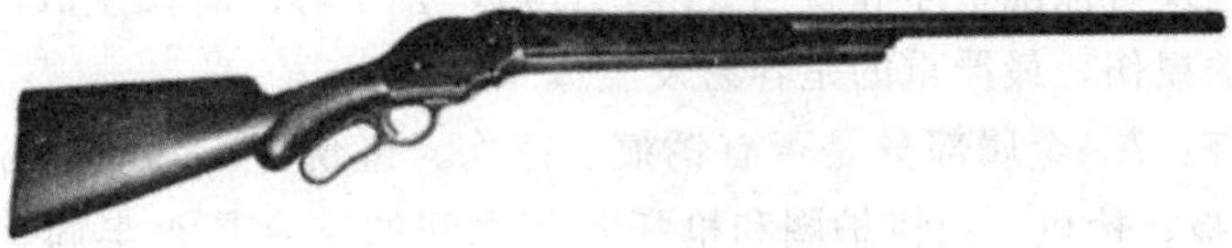

图 3－5　连发式猎枪

目前，我国民用机场和军用机场，统一购买的猎枪多为双筒式（图 3－6）：有横双管猎枪和纵双管猎枪之别，纵双管是较为新式的。这种枪与单管猎枪基本相同，只不过有两个枪管和两个扳机（前面扳机是射发右面枪膛子弹的，后面是射发左面子弹的）。每次可装入两发子弹。遇到猎物时，扣动相应的扳机，即能射猎，不致因换装子弹而错失良机。即使更换子弹，也较方便。此种枪使用最为广泛。野外调查，特别是采集鸟类标本，最为适宜。双筒式猎枪的射程，一般为民用机场 50m，军用机场 60m。

图 3－6　双管猎枪

此外，还有一种三筒式猎枪（图 3－7），其制造较为复杂，有三个枪管，一般是两个打散弹的枪管，一个单打步枪子弹的细枪管。虽有三个枪管，但是扳机仍为两个。其中前面扳机可打右枪管的子弹和下面细枪管的步枪子弹，只要推动机柄后面的分保险即可分射。使用方法和上述单、双管猎枪一样。用步枪子弹可射击距离较远的大型鸟类，如鸨、天鹅等，在野外如遇到猛兽也可作防身之用，用途比其他枪较广。现因三筒枪价格较贵，而步枪子弹又难买到，故该枪国内使用得不多。

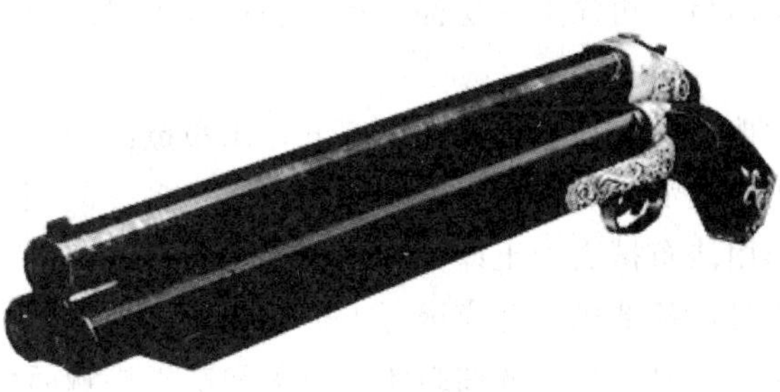

图 3－7　三筒式猎枪

普通猎枪（除速发式外）不论是单筒、双筒还是三筒，都由枪管和枪身两大部分（包括枪机、扳机、保险机和枪托等）构成。在机场及周边地区进行野外调查时，可拆卸为两部分，装入枪衣（套）中，便于携带。

（2）猎枪的维护

猎枪维护得好坏，对于枪支使用的年限、射击的效果，有着决定性的作用。

① 猎枪的检查：每次行猎前和行猎后都应对枪支进行仔细检查。如发现枪支有玷污和损坏等情况，应及时擦洗干净和妥当处理。否则，会在射击时发生故障，影响射击。并且还会加重枪支的损伤，最严重的是容易发生爆炸危险。

一是外部检查：A. 金属部分是否有锈痕、擦伤、碰伤等。木质部分有无裂痕、撞痕等。B. 枪管、托板、枪机、扳机护圈和枪托各部之间的结合是否牢固。各固定螺丝有无松动。

二是枪膛检查：A. 拆下枪管，将枪口朝向明处，仔细察看枪口部、枪膛内壁有无损伤，是否有锈痕、油垢和杂物等。B. 枪管是否有膨胀和弯曲现象。

② 机件检查：A. 机柄是否灵活，扳机、撞针、撞针弹簧的机能如何？B. 保险机是否过松？能否保险？C. 装、退子弹的机能如何？D. 涂抹各部机件的润滑油程度如何？

③ 猎枪的擦拭：擦拭是护理枪支的重要环节。必须养成定期擦拭的习惯，平常存放时，至少10日擦拭一次。行猎无论射击否，回来一定要进行擦拭。

擦拭工具及用品：A. 通条（擦枪杠）。擦枪管用，分速结式和单杠式。多为木制，但最好是硬钢丝制，比枪管稍长。速结式一般分为三段，使于旅行携带。B. 刷子。擦刷枪管用，有两种：一为铜刷或钢刷，适于刷无膛线的粗管；二为鬃刷。适于刷有膛线的细枪管。另备牙刷型小刷，刷各部机件及表面花纹等用。C. 枪油。最好备两种：一为普通擦枪油，较浓稠，似机械油；二为冬季擦枪油，可使机件灵活运动。D. 碱水。擦拭油垢和锈迹。F. 布。白布数小块。

擦拭方法：先用布把枪的表面擦一下，后将枪卸分为三部，分别擦拭。

一是枪管部的擦拭：用布条（或蘸碱水的布条）穿在通条头上来擦拭枪管内部，擦几次。如有药烟及杂物附在内壁上，可先用铜刷（有膛线的用鬃刷）接在通条上，在枪管内擦几次后，再用布条擦，待黑烟、垢物全无，枪管内光亮如镜时方可停止。擦净后再薄薄、均匀地涂上一层油即可，切不可多涂油，以免有碍射击。

二是枪机等部的擦拭：用布擦净油垢。一些凹凸之处的油污，可用小鬃刷来刷或用布裹细竹片来挖剔；待擦净后，再涂上一层油。运动的机件上可多涂些油。枪机内部滴进两三滴油即可。

三是托板及外部的擦拭：将托板上部金属部分，用布擦净后上油。再将各部结为一整体。枪表面金属部分用浸过油的布稍擦一遍。如在多雨、多雾的潮湿季节或地区，表面稍多涂点油无妨。木制部用洁布拭去尘土即可。

如果枪支长期贮放时，各部机件都应进行大拆卸、仔细地擦拭，并多涂些油。在枪管口和各部接合处的缝隙中，要以凡士林油封闭，避免和空气接触而生锈。

使用枪时的注意事项：一是平时猎枪最好存放在木制柜或枪柜中；如无枪柜，可放于枪套中。这样免于生锈和沾染尘土。在射击前，必须使枪簧处于放松状态，否则弹性消失，射击失效。无论何时枪支勿放在火炉旁，因木质部易裂。二是乘坐各种车辆时，应将枪支放在最稳定的地方，不致因车动而使枪来回摇摆碰撞。三是在山林地区行走时，应将枪拿牢，并小心勿使猎枪撞击在石头上。携带两支枪时，要一臂背一支，免得两枪互撞。四是射击时，如遇到有卡子、枪管不能折回枪身等故障时不可性急，不能乱打乱敲地解决，应先观察故障的原因，然后再妥当地排除。五是勿要随意拆卸枪机上的固定螺丝及机件。必须拆卸时，需在熟练人员的指导下进行。螺丝刀的大小要与每个不同的螺丝适应，不然螺丝易卷口损坏。六是绝对不能将枪口对着人，无论有无实弹都应养成把枪口朝向天空或地面的习惯。在现实生活中，因持枪者不注意而发生失误走火伤人的事故极多。因此，持枪者在持枪过程中，必须严格按持枪要求办事，切勿因己不慎而失误伤人。

3. 子弹

一般的子弹由弹壳、发火帽、火药、毡垫、弹丸和盖片等组成（图 3－8）。猎枪散弹可以自制加工，成本比较低。但是，由于自制加工散弹有一定的危险，加工所用的弹药受严格控制，故目前多购买现成散弹。

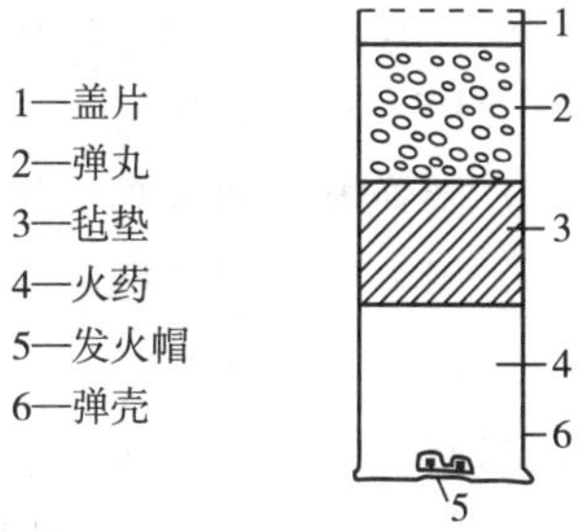

图 3－8　子弹结构示意图

（1）弹壳：为子弹的主体。分纸壳（上部为纸制，下面为铜制）和铜壳（全部为铜制）两种。纸壳一般用四五次，铜壳较纸壳耐用，而重装也比纸壳方便。

（2）发火帽（也称火帽、底线、铜帽）：为铜制的帽状，内装置在弹壳底部中央处（底火槽）。射击时引火药受到撞针的撞击而发火，引起壳内火药燃烧。

（3）火药：分有烟火药（黑火药）和无烟火药两种。以黑火药做成的子弹在发射后有浓烟，有碍视线，并产生许多渣粒，易使枪筒生锈，现已不多用。无烟火药威力大，但是比有烟火药燃烧慢。可将二药混合使用，即先装有烟药稍许，以盖住弹壳底部即可；后装无烟药，在射击时，火药着火燃烧产生大量气体，因气体不断膨胀，即将弹丸弹出。

（4）毡垫：它是与弹壳内径相同的一个厚毛毡。其作用，一方面可使火药与空气隔开，以免火药受潮而变质；另一方面，是为了在射击时，把火药燃烧所产生的气体压力全部用来将弹丸推出膛外。

（5）盖片（纸饼）：为一圆形硬纸片，用以封固弹丸，也有助于弹内干燥。在盖片上可标明弹内所装弹丸的号数，便于识别。

（6）弹丸（铅沙）：铅制弹丸质地较软，不易损坏枪管，射程也较远，所以现在弹丸多用铅制。弹丸的大小通常分为下列各级（表 3－1）。

表 3－1　常用猎枪铅沙弹规格

子弹号码	00A	00B	BB	1	2	3	4	5	6	7	8	9	10	11	12
弹丸直径（毫米）	15	10	7	4.5	4	3.5	3	2.5	2.2	2	1.8	1.6	1.4	1.2	1

由表 3－1 可见，型号越大，弹丸越小。另有比 12 号还要小的沙粒，名为尘沙。还有一种为独弹，形状很奇异，上面铸有斜线纹，在用猎枪射出后自装不熄以得到与膛线枪类

似的效果。

子弹的制法：现成的子弹多是国外进口的，因数量有限，型号不全，售价也较高，且不易买到，同时，大量携带也极为不便，因此，在过去野外鸟类调查时，多由自己来制子弹。为了解制作子弹的过程，提高子弹的安全管理水平，这里将制弹知识简要介绍一下。

(1) 制弹工具：一是压砲器（装帽器）、退帽器和压棍，三者往往连在一起。可将废火帽顶出、新火帽装上、扎实火药和毡饼之用。二是坐垫。木制或铁制，中央有一个孔。在装火药、扎紧毡饼时，用来稳定弹丸和防止杂物撞击火帽。三是量药匙。装弹药时用来量、装火药和弹丸的。有一种为双层的，可以自动调节量度，比较准确，便于使用。四是卷口器。用来卷纸壳边缘，一般多为手摇式。五是钳子。自制纸饼用。

(2) 制弹用品：包括弹壳、弹丸、火药、火帽、毡饼和纸饼等。目前这些物品市面上没有供应，且由公安部门严格控制，因此民用机场及军用机场均购买现成的散弹。当然，购买散弹成本高，但是使用、管理很安全。

(3) 制弹方法和步骤：先将退帽器放入空弹壳中，用其前面的小针对准插入弹壳中心的小孔，用力压，即可把废火帽顶出。将弹壳内外擦净，再用压砲器将新火帽压入弹壳底部中央凹槽处。装火帽时，要注意沿水平方向压入，而且装入后，火帽与弹壳底部稍低为合适。然后，把弹壳放在坐垫上用量药匙盛取火药（16 号猎枪弹装无烟药 1.6～1.8g、12 号猎枪弹装 1.8～2.1g）倒在弹壳内，再将毡饼装入，用压棍填实。之后，再用量药匙盛取铅丸（16 号装 28～30g、12 号装 34～36g）倒入。最后，盖紧纸饼，并标明弹丸号数。如果是纸壳，还得用卷口器将壳口边缘卷向壳内，以牢牢固定盖片，不致晃松和脱落。

有关弹药保管的注意事项：

(1) 多量的枪弹和火药应当放在距大建筑物和人口密集处较远的地方。存放火药的附近，绝对禁止吸烟、烧火等。火药遇到微火，即可发生猛烈的燃烧爆炸。弹药应贮放在阴凉而不潮湿的地方，最好装在封闭的铁箱或铁盒中。火药如果受潮，即失去效力；火药若过于干燥，射击时就会发生较剧烈的爆发，有时也能伤人。火帽应该放在坚固而密封的铁盒中，且不能使它受到剧烈的震动和挤压，否则也会发生猛烈的爆炸。另外，还需要有专人来妥善地管理，严格管理规章制度，确保使用安全。

(2) 弹药的装运除要遵守运输部门所规定的事项外，自己装运时还要特别注意，切勿使之受到强烈的震动。车上的人绝对不许吸烟。在野外，汽车行进时震动比较大，弹药一定要放在最稳定的地方，且勿和汽油、火柴之类易燃物品放一起。

(3) 制作子弹时，勿靠近火源（炉、灯等）和吸烟。且要按上述制弹的步骤来进行，如先装火药，后上火帽，就极易发生爆炸。

(4) 在制弹和去野外采集标本出发前应擦拭弹壳，并观察是否有变形，防止射击时发生卡子等事故。

(5) 自己制弹最好在野外调查出发前的 1～2 天进行，不宜过早，因为时间久了，弹药的效力会逐渐削弱。

4. 常用猎枪、子弹附件

(1) 枪衣（枪套）：多以帆布制，前段及四周加以牛皮包着。形状依枪的样式不同而不同。最好能将枪全部包盖紧。外部有枪背带及装擦枪用具的小口袋等。枪衣可保护枪支，免受碰撞，并防止尘土侵入，携带也较方便。

（2）子弹带：最好是厚牛皮制成的腰带形，其宽度要大于弹壳长，上面缝有软皮的圆筒形，在圆筒形的上方装一松紧带，以便枪弹装在圆筒内不易脱落。此子弹系于腰间，不妨碍行动，很是方便。另有布制子弹带，上面缝有分隔的小口袋。这种子弹袋装的弹数较多，可系于胸间或斜背在肩上。

（3）枪支架：一般用于小口径有来复线的猎枪，是两根能活动的直杠，装在枪的前端。也有是单个的，呈"Y"形木或铁架。在射击时，将架支于地上，枪身在上面很是稳定，便于准确地射中目标。

（4）瞄准镜：此为较精密的光学仪器，如同望远镜，为长圆筒形。把它装在枪身上，适用于步枪瞄准，准确度极高，最适合百米以上远距离的瞄准射击。

二、采集方法

野外采集标本，首先要明确目的，即在这项工作中要解决什么问题，然后才好决定地点以及工作方法、携带的物品等。就近采集，也要在外出前把应带的东西准备齐全，检查猎枪、子弹情况。因为狩猎要在鸟类还没有开始活动前赶到采集地点，所以一般要很早出发。若在当天匆促准备，不是延误时间，就是准备不全，往往影响采猎工作。准备的事项，也随工作的要求而有不同，大致应注意下列各项。

（1）明确采集目的。野外采集标本，一定要了解计划要求，明确采集目的，这样才能使采集工作事半功倍。例如，我们了解机场及周边某一地区鸟类对飞行安全构成威胁，那么，采集地点就应选择在鸟类经常集群活动的地方或飞机过境的区域，采集的对象应该多注意优势种类，在标本数量上，尤其是鸟胃要多采集。如作某一机场及周边地区的一般生态类型区调查，则应广泛采集该地区鸟类种类，在数量上每种不必重复太多。由此可知，因为目的不同，工作方法也随之不同。否则，有些必得的资料很容易因没有足够重视而错过采集，而将大部分时间和精力用在了次要的工作上，对计划要求来说是一种损失。

（2）携带物品。野外采集鸟类标本时，携带的东西要根据工作的地方、时间长短和工作要求来决定。一般应该携带的有猎枪、子弹、采集袋、棉花、纸、笔记本、铅笔、水壶、干粮、望远镜、指南针和气压表等。如果远离机场采集，不能当天往返，则泡制用品和装子弹的用品也要携带齐全。

（3）子弹。携带子弹的大小号数，要随工作地点和目的的不同而有很大伸缩性。首先，要依据外出可能射猎的对象，来决定带多大号子弹，如在山林灌丛间采集，就应多带些小号子弹；如去湖泊采集雁鸭类，可以多带大号子弹；如到海滨及滩涂湿地采猎海鸥和各种鹬类，子弹的携带又要有所调整。总之，要看采猎的对象，来决定携带子弹的种类。一天时间的采集，携带各种子弹 30～50 发就够用。

（4）确定野外调查路线。在野外调查前，要明确采猎路线，尤其是当几个人一同出猎却不能在一起采猎时，如不提前制订采集路线计划，在采集时因各自寻找猎物或追逐射击，就容易走散。有了计划，就可以在预定时间和预定会合地点集合，以便相互通报采猎情况，商计继续工作的对策及增减携带物品的种类等。

（5）子弹的应用。由于子弹大小的不同，应用时也有所不同。猎取各种大小不同的鸟类，一定要相应的用各种型号的子弹。各种子弹适于射击的鸟类见表 3-2 所列。

表 3-2 采集标本用枪弹一览表

子弹型号	适合猎取何种鸟（举例说明相关的种类）
BB 以上	大天鹅、秃鹫、大鸨
1	斑头雁、鸿雁
2	赤麻鸭、绿头鸭
3	绿翅鸭
4	鹰、苍鹭
5	雉、乌鸦
6	石鸡、竹鸡、隼
7	乌鸫、鹂、白胸翡翠、鸻
8	山斑鸠、啄木鸟、椋鸟、八哥
9	麻雀、文鸟、小翠鸟
10	柳莺、山雀、棕头鸦雀
11，12	太阳鸟、啄花鸟、长尾缝叶莺（图 3-9）

图 3-9 适合 11 号子弹狩猎的对象——长尾缝叶莺

如果用较大的子弹射猎小鸟，必定会将猎物打烂；用较小的子弹射击大型鸟类，即使命中，往往也是带伤而逃，不能击毙。选用子弹，应视射击物的距离情况作适当的调整，距离远时，用较大的号；较近时，用较小的号，这样命中率高。但是，距离过远时，用较大的号则威力不大。相差一号无甚影响。

（6）隐蔽。野外采集鸟类标本，最忌暴露自己，以致惊走鸟类或其他猎物。采集效果常和隐蔽有关，不要暴露自己，要行动轻捷，并且要利用自然条件隐蔽前进和伪装自己。如上述三者能互相配合利用，采集效果一定会提高。在有隐蔽物的处所，如树木、丛草、土坡、沙堆等地方，尽量隐蔽前进。如果没有任何隐蔽物，也要设法躲避猎物的视线，不要从正面前进。采集鸟类时，所穿戴的衣服、帽子等服装的颜色要和自然环境的颜色一致或相仿，不要穿戴颜色太鲜明的服装。

(7) 射击。一般距所要采集的鸟类 20～30 米处，迅速将装好子弹的枪举起，枪托依在右肩和锁骨中间，左手拖住枪管下面的托板处，右手虎口握枪颈，拇指将保险机向前推上，食指第一关节处在扳机的中央。头向右侧稍斜，一般左眼微闭，用右眼瞄准星与猎物，待枪管上端凹处、准星和目的物成一直线时，暂停呼吸，右手食指慢慢扣动扳机，即可将猎物击毙。射击标本时，最好使弹丸在胸部射入。因为腹面羽毛比背部要厚一些，羽色也较单纯，由此处射入的标本，较适于剥制。射猎一些正在飞翔的鸟是比较难的，因为各种鸟的飞速不同、飞行路线也不同，距离也有关系。如雨燕是飞速比较快的鸟，射击时，准星应追随着它，当它飞至猎手上空约 40 米处，将准星瞄至它飞行路线的前方 1～1.5 米处，并暂停呼吸，扣动扳机。勿要猛扣，否则引起枪身震动，射击不准。此外，还要注意尽可能地避免斜射，因为斜射射中坠下的鸟不易找到。

(8) 鸟体标本处理。标本射得后不应该揪拿它的背羽或尾羽，否则会使羽毛脱掉而成废品。应该拿着鸟的脚或整个身体。如采得只受伤而没死亡的鸟，特别是体型较大的猛禽、雁鸭类和鹭类等鸟类，就应该设法擒住它们的双翅，而千万不要去拿脚或头部，因它会用嘴和爪来啄、抓狩猎者，造成人员受伤。

采集获得的标本，如羽上有血污，就应将血污擦净，然后用一棉球塞入鸟的咽部，以免污水由口中流出污染鸟羽。最后，头夹在翅膀内，用一张旧报纸或毛边吸水纸把标本包起来，放入猎袋中。

野外采集完毕，回到宿营地或机场后，应将标本从猎袋中取出，进行量度和登记工作。登记项目按照野外采集上所列的逐一填上。同时，还要填写野外标签，并将其系在鸟脚上，然后开始剥制标本。不能剥制的标本，可浸在酒精或福尔马林溶液内，供制作骨骼或留作其他专门问题研究之用。

三、鸟皮标本剥制方法

鸟类标本是分类的主要依据，也是教学、普及鸟类的重要教学材料，人们可以根据外部羽毛的颜色特征来鉴定为何种鸟类。所以，在鸟类标本采集与制作过程中，对体羽的任何部分，都要注意保护。

在剥制鸟类标本前，要进行鸟体的量度，通常情况下量度主要有以下几个方面的内容：

(1) 体长。自嘴的先端至尾端（此项量度必须在鸟类未经剥制前进行）。

(2) 嘴峰长。自嘴基生羽处至上嘴先端的直线距离，为嘴峰长度。

(3) 翼长。自翼角（腕关节）至最长飞羽之先端的直线距离。

(4) 尾长。自尾羽基部至最长尾羽之尖端的直线距离。

(5) 跗跖长。自胫骨与跗跖关节后面的中点，至跗跖与中趾关节前面最下方之整片鳞片的下缘。

(6) 体重。称整个鸟重，以克为单位。

除测定以上数据外，尚有翼展度及嘴裂、趾、爪等长度，根据需要也应加以测定（图 3-10）。所列各种量度，应以毫米（mm）为准。如因时间仓促，来不及全部测定的，可先测量体重和体长。因为，剥制后，肌肉全被取出，以后无法补量；经过剥制，身体长度也不能保持原来的自然长度。嘴峰、翼等部可留待日后测量。但有些鸟类的跗跖，因全部被羽（如毛脚沙鸡、雨燕等），制成标本干后，关节硬化，测量时无法精确确定跗跖的迄点，所以，最好在标本采集后立即进行测量。

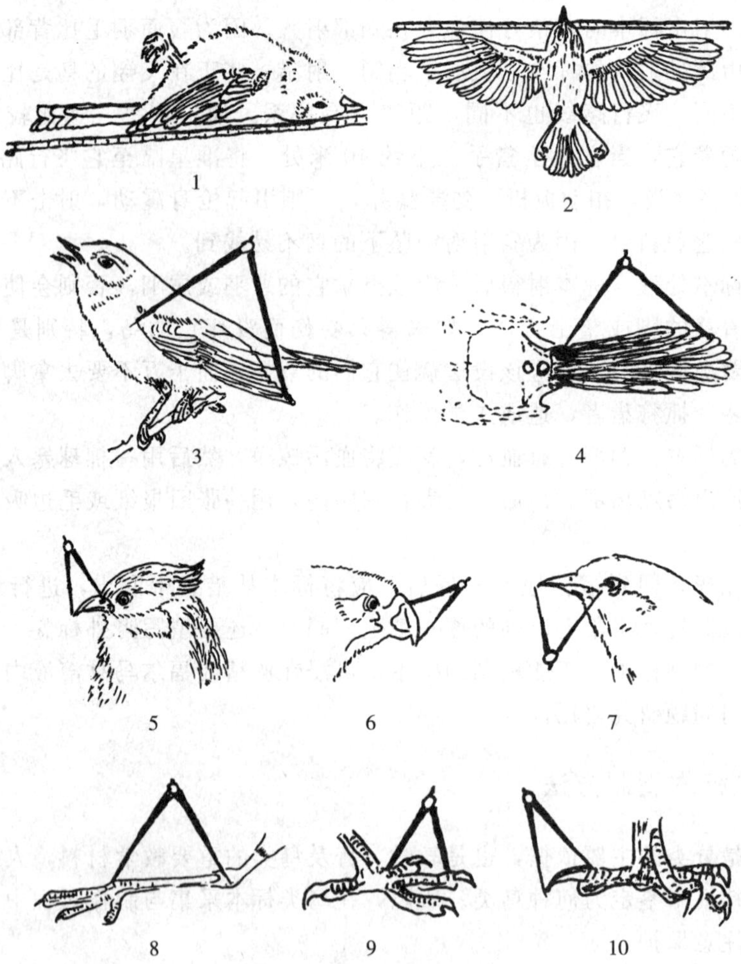

图 3-10　鸟体测定法

1—体长；2—翼展度；3—翼长；4—尾长；5—嘴峰长；6—嘴峰长（蜡膜除外）；
7—嘴裂长；8—跗跖长；9—趾长；10—爪长

1. 剥制的工具和用品

剥制标本的工具和用品很多，这里仅介绍一般常用的。工具方面，须备有镊子、解剖刀、普通剪刀、钳子、缝衣针、脸盆、毛笔等（图 3-11）。用品方面，应备置亚砷酸、樟脑粉、肥皂（这三种为配制防腐药膏用）、石膏粉、蜡、义眼（玻璃眼珠）、铁丝、线、棉花、颜料及油泥（桐油拌石灰而成）、胶水等。配制的防腐药膏，有杀菌作用，毒性甚烈，是以亚砷酸、樟脑粉和肥皂调水慢火煮沸，而制成的浓膏状药膏。

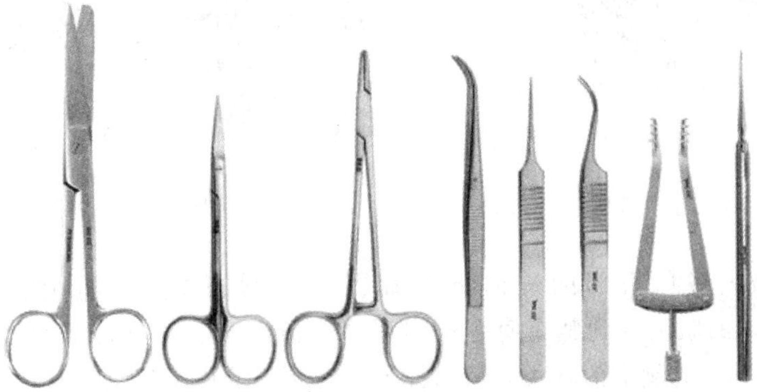

图 3－11　解剖工具

其配方及用药量为：砒霜 500 克；肥皂 1500 克；樟脑 30 克。

这种配药，携带不甚方便，使用时也多麻烦。因此，有时我们制作标本时单用砒霜，效果是一样的。但使用时有粉末飞扬，易对人体产生不良影响，所以必须做好防护工作，以免中毒。

目前，国内部分大专院校和动物标本厂，除使用上述配方防腐外，还使用纯中药防腐剂，效果比较好，且安全环保、原料购买方便，应加以推广使用。

2. 标本的处理

采集获得的标本，羽毛上多血清，可用湿棉花揩去。如果血清干固，不能揩去，则先用毛笔蘸清水洗净，然后在洗湿的羽毛上敷上一层石膏粉，吸收羽毛的水分。一次不够，可以再敷，一直到干燥为止。对凌乱的羽毛需加以整理。如果有翼羽、尾羽脱落，要收存起来；等到剥装好了，再将脱落的羽毛，沾点胶水，按插在相似处。标本剥制时要等到鸟的体温完全散失、全体僵硬时方能进行；否则，体内血液还没有凝固，一经解剖，往往血污外溢，玷污羽毛，有失美观。

3. 剥制的方法

标本剥制是一项细心的工作，初次剥制往往有撕裂表皮、剥落羽毛的现象，但是，只要细心钻研，多做多练，按照次序剥制，是不难的。剥制有胸开法和腹开法两种。

胸开法的简述如下。

（1）剖开胸皮：把鸟体仰放在平台或桌面上，从胸腹正中央把羽毛左右分开，露出表皮，用解剖刀沿着鸟胸的中央切开，以见肉为度，切口自咽下至前腹为止；然后，把鸟皮向左右剥开，剖至胁部。剥时要随时撒些石膏粉，以减少沾腻（图 3－12）。

（2）剪颈：把头向下后推出，使颈部突出在外，然后一手按住头部，分开附着颈上的皮，一手用剪刀把颈部中央剪断。这样头、颈和身躯就分离了（图 3－13）。

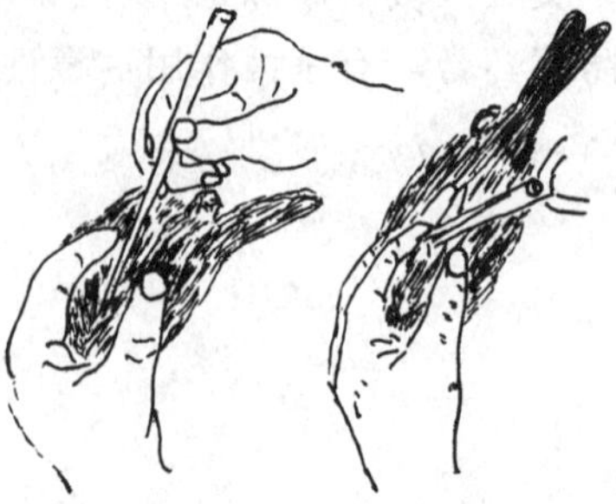

图 3-12　剖开胸皮

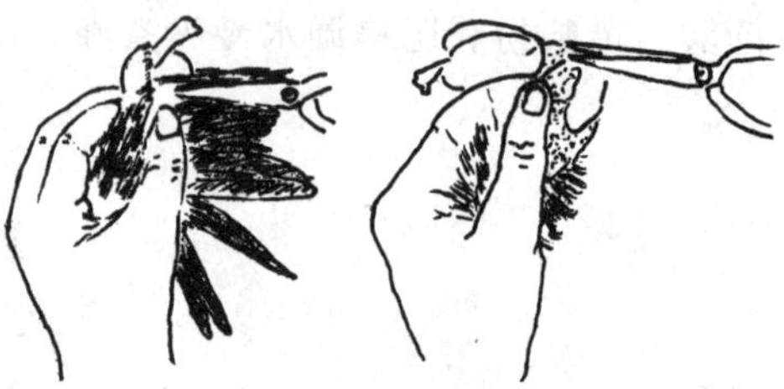

图 3-13　剪颈

(3) 剪四肢：将鸟肩部的皮向下方翻剥至两翼的基部，将上臂连骨带肉剪断（图 3-14），翼内的肌肉等到整个身躯剥出后再行清理。继续剥背部和腰部。剥腰部时，要特别细心，尤其是鸠鸽类的鸟类，极易掉羽毛，腰部的皮毛极易剥坏。剥时要随剥随撒些石膏粉在皮肉间。剥至后肢时，推出大腿，翻剥至胫骨和跗跖骨交界的关节处，将附着在胫骨上的肌肉连同股骨一并剪去（图 3-15）。再向下翻剥至尾部，慎剪肛门和尾脂腺，最后，将剪尖插入尾基部，将尾椎骨剪断，再细剪去肌肉，整个鸟的体躯就被剥离鸟皮（图 3-16）。

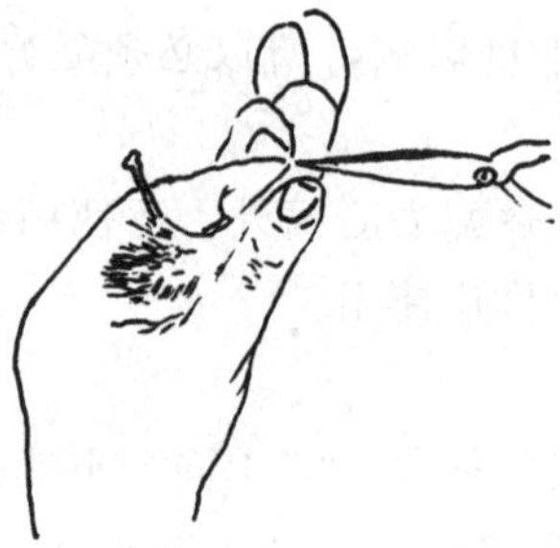

图 3-14　剪四肢

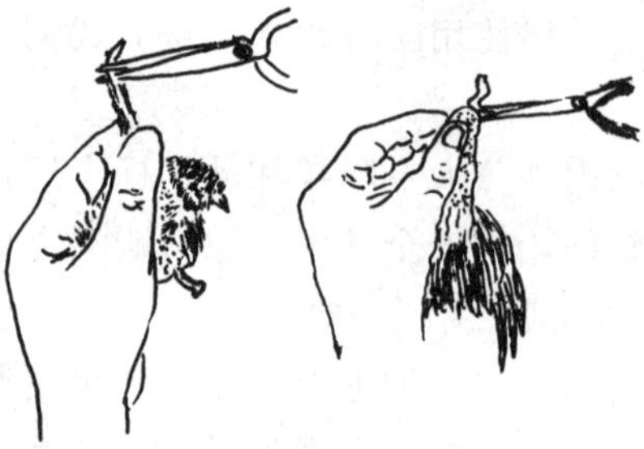

图 3-15　剪胫骨上的附肉和股骨

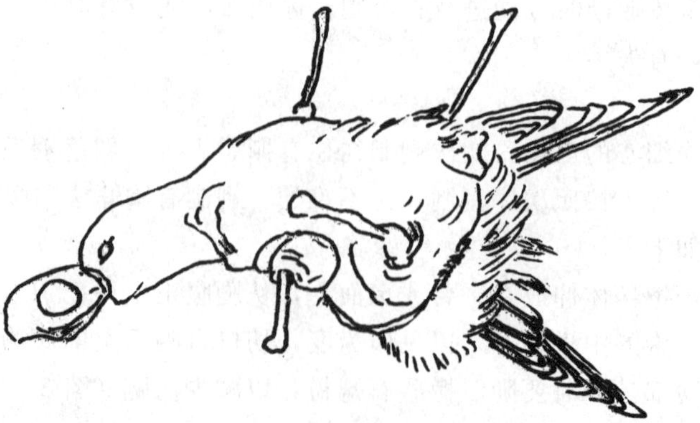

图 3-16　剥离鸟皮

(4) 去肉：剥出体躯后，头、翼和皮上的肌肉还没有完全去尽时，再依下列方法处理。

① 翼：将残留的上臂骨推出来，把皮剥离至尺骨的基端，用拇指指甲紧靠尺骨，刮剥附着在尺骨上的羽翮（飞羽插入在皮肤中的一端）。若是大型鸟类，用指甲不易刮落，可用镊子的柄或解剖刀的柄刮剥之。然后，将肌肉和桡骨（翼有大小二骨，大为尺骨，小为桡骨）剪去，保留尺骨（图 3－17）。

② 头：把头向后方翻出，使颈部露出。将头从颈中剥出，剥至耳部（此处容易撕裂，切勿用刀割剥），可在耳环上撒些石膏粉，再紧紧拿住耳环的皮，轻轻拉制，即可剥离；至眼睛周围，用解剖刀仔细割开（此时要特别细心，不要伤及外皮），直到剥制嘴基为止（图 3－18）；立即拔去舌部，挖去眼球，并将头上的肌肉慢慢刮尽；最后在头骨后部，于脑后枕骨处开一小孔，用镊子取出脑髓，并用棉球擦尽。头骨较大的鸟类，如鸦科类的乌鸦、白颈鸦及喜鹊、红嘴蓝雀等，头骨不能从颈部翻出来，可把颈部从头骨处剪去，再从头顶纵切一口（以能推出头骨为度），然后，将头骨从裂缝中剥出去肉。也有从后部切开剥出的，但由于后部羽毛甚短，缝合处不能借羽毛掩饰缝迹，容易露出缝线来，所以多从头顶切开。

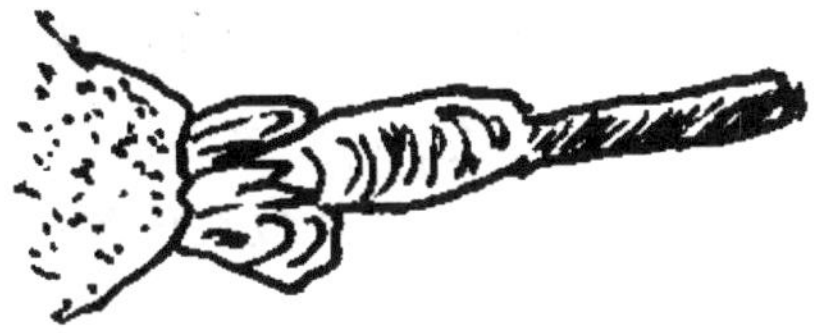

图 3－17　翼部剥离

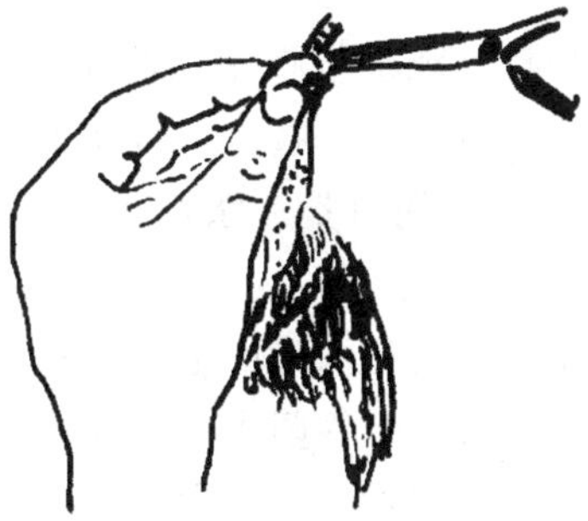

图 3－18　头部剥离

③ 皮：头、翼剥完后，鸟皮全部翻露，残存在皮、骨上的肌肉或脂肪，要全部刮剪干净（图 3－19）。否则，制成的标本，经久之后，脂肪渗出，染污羽毛，使其变成黑黄色。残留的肌肉也易腐烂，寄生虫因得侵袭，终使羽毛损落，皮质腐坏。

图 3－19　皮的清理

腹开法的简述如下：

切开的部位在腹部，从前腹沿中央切至肛门处，然后向左右剥开鸟皮，先剪四肢，次及尾椎骨，继续向上体翻剥。其余剥法和胸剥相同。

腹剥的优点在于，装填棉花、苘草制成的标本胸部平滑，尤以中、小型的假剥制标本为宜。但是，这种方法剥皮的速度要慢，且比较难掌握。

(5) 涂药：先用毛笔蘸防腐药膏或直接涂抹砒霜粉，遍涂头、颈的皮内。涂完后，把头、颈向外翻转，复回原来的形状。然后在骨颈上缠上棉花，大小和原来的颈形状一样，以代替剪去的肌肉。前肢的尺骨，因填装时须放在体躯内，故不必缠棉花。随后把药粉涂在四肢和尾部的里皮上，再将四肢和尾部向外翻转，恢复原来的形态。这时整个鸟皮翻回原状，羽毛全部露在外面，体躯里皮没有涂过药粉的地方，可用毛笔蘸药粉，插入体躯内遍涂里皮，全部涂药完毕，就可以进行填装。涂药之后，不可放置过久，以免鸟皮干燥变硬，装置时不易纠正体形和羽毛。如时间有限，来不及装置，可用湿毛巾一块，覆盖在剥好的鸟皮上，以保持湿润。在使用防腐药剂时，要特别小心。手上有破皮或伤口时，要涂抹凡士林或用布包紧伤处，事后必须用清水洗手，以免中毒。药粉用完后，应妥为收藏，不可随便置放，以防误食，发生意外。

（6）填装：填装标本分为两种，装平置形状的叫作“假装制”，也叫“研究标本”，又称“皮相标本”，如死鸟状态，放置储存方便，占地方不大，适于检查鉴定研究之用。装生时自然姿势的叫作“本装制”，也称“姿势标本”或“生态标本”。也有配置简单的生态背景，供陈列展览之用。各种鸟类均有其习性和特征，装制标本务求与其生态习性相符。如鹳类宜作直立的形状；燕科类宜作展翼的姿态。若不熟悉鸟类习性，使鹬类栖上枝梢，啄木鸟平立板上，则标本虽剥制完美，也有不够生动之感。填装标本是剥制标本最重要的一环，不但要技术熟练，并且能熟悉鸟在野外的生态，这就要求除努力学习剥制技术外，还要多进行野外观察与研究，观察鸟类的行为，研究鸟类在自然环境中的生态习性。为了让大家掌握标本的制作技术，现将上述两种标本的填实方法分述如下。

① 假装制：用竹签一条，长度约自头部嘴基至前胸，一端用刀纵剖少许，使签稍分“Y”形。在分叉的基部卷上棉花，略小于原头。将这条卷有棉花的竹签切开的那端插入后脑的开孔中，挟住鸟嘴的上颚，把卷在竹签上的棉花向上轻推，使竹尖稍微挟住上颚，更加牢固，也可将竹签削尖从脑孔中直接插入上颚。竹签的另一头，放在体腔内。若是小型鸟类，可以不用竹签，而用一条棉花填入脑孔中直达颈部即可。若是颈部很长，可改用铅丝代替竹签。两翼的尺骨，要放在体内的棉花上并另加棉花塞住，勿使此骨随翼脱出。这样能使两翼紧贴在体侧，不致下垂（图 3-20）。较大的鸟类，装成后两翼和体躯间贯穿二线紧缚，则更牢固。随后，将棉花填入体躯内，填时先从尾部填起，次及腰部、胸部，最后填颈部。如是腹剥法，则先填颈、胸，后及腰、尾。各处棉花填好，把腹面切开的毛皮拉合，检查一遍。如棉花填充得过多，则使无羽毛的部分凸突，羽毛也耸立不平；若填充得太少，则鸟体萎缩变形，因此应适当予以附填或抽减，务必使各部位大小适中。大型鸟类，用棉花填装很不经济，可改用木刨屑、竹刨屑、麻草等填充。此等物质粗糙而有扩张性，因此不能用作小鸟的填充物。小鸟体内填充棉花后，即可引线穿针，自喉前至腹，将切开部分缝合。

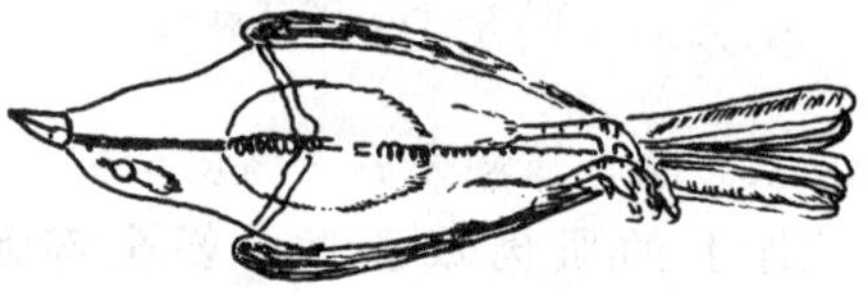

图 3-20　假装制

② 本装置：姿势标本的剥法和假装制相同，只是要注意装展翼的姿态标本，在剥制两翼时不要把附着在尺骨上的羽翮刮去。填装方法，分下列几个步骤。

第一步：装骨架。骨架用两根不等长的铁丝制成。铁丝的粗细，以能充分支持鸟体重量为度。较短的一根铁丝，要有自头顶至脚的长度加上装板需要的长度；另一根铁丝的长度要比较短的那根铁丝约长4厘米。将两根铁丝的一端并齐，用钳子钳紧，并相互扭绞五六转（图3－21），扭绞之点以自头至腹部的长度为准。然后将两铁丝分开，与扭绞之交垂直，视鸟的大小，将两线在适当角向上折曲，再向下方折回，成左右脚的支柱。另一端的两头：较短的为头的支柱，先端裹以棉花，略小于颈部；较长的则沿扭绞之线折向后方，作为尾的支柱，此时即制成所需要的骨架了。如果要装展翼欲飞的姿势，可用一铁丝做一展翅支架，长为翼展度至两指骨间的直线长度，另加4厘米，然后，将此铁丝折成“V”状，即成翼支架。骨架做好，就可装入皮内。装时先穿透两脚，然后装入尾部、头部（图3－22）。装好骨架，依假剥制的填棉方法，依次填装。如展翼的姿势，将展翼支翼的两端，各由翼尺骨插入，直至指骨尖端，展翼支架的中央折曲部分紧扎在骨架扭绞处，即可装成飞翔展翼姿势。

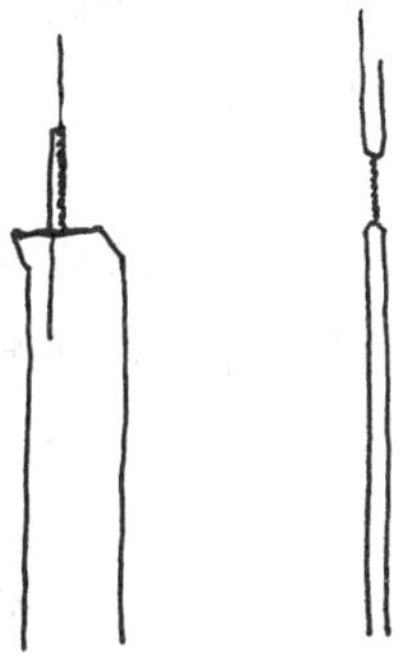

图3－21　生态标本铁丝架

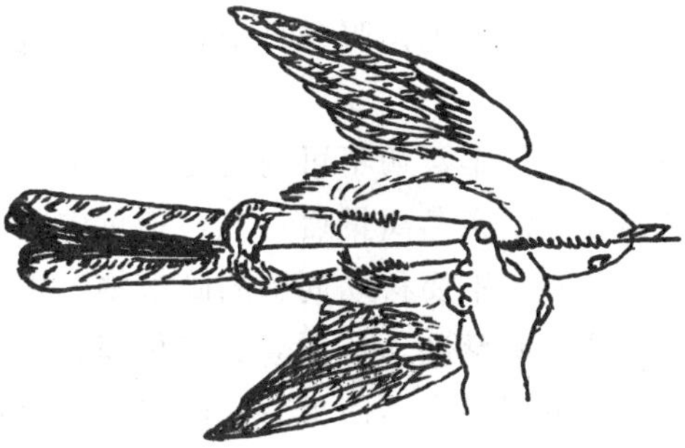

图3－22　铁丝装入标本内

第二步：装板。将标本装成栖止、飞走时的各种姿态，务求逼真生动，接近野外时的习性状态。水鸟、陆栖鸟均可直接装于板上（图3－23）。树栖鸟类，要先用树枝钉于陈列的板上，然后装在树枝上，如能配置一些简单的生态环境，更为理想。随后以加波力酸涂抹脚、嘴、肉里等裸露的地方。等皮羽干燥后，眼窝内填入少量油灰，并装一对大小相当的玻璃义眼。义眼中央用黑色，周围依鸟生时的颜色，以颜料和洋蜡调配适当涂好，再把它装入眼眶中。

图3－23　鸟类生态标本

第三步：整形。装制妥当后，要进行整饰。先用刷子刷净羽毛灰尘、粉末等，整理翻起的羽毛。嘴宜用线贯穿鼻孔，将下颚紧结，以防嘴张开。如系假装制，可将两脚向后伸，互相交叉。长脚和长颈鸟类，如鹳、鹤、鹭、天鹅等，要将头颈和跗跖弯曲，紧贴着体躯。这样放置方便，也不易折腿断颈。姿势标本可依各种鸟类的生态整形，最好制成该鸟最为常见的表态，如啄木鸟装攀木，鹭装伫立等。形状整理好了，用一张薄棉花紧裹鸟体毛，等皮羽干燥后取下，羽毛则如活鸟羽毛一样。最后，在脚上拴上标签，记载该标本的量度、学名、采集日期和地点等。

四、鸟巢、卵标本的制作方法

采集鸟类的巢、卵标本，是鸟类生态学研究的重要资料之一，尤其是研究鸟类生活史不可缺少的资料。找到鸟巢，为鸟类在繁殖的地理分布上提供了依据，所以，在机场及周边地区鸟巢和卵的采集，也是野外鸟情调查工作应该重视的一项内容。

1. 鸟巢

在野外一旦发现鸟巢，切不可马上把它取下。必须先在鸟巢附近隐藏观察，直到亲鸟来巢鉴别出鸟的种类。亲鸟离巢后，先检查巢中的是卵还是幼鸟，并做好详细记录。检查鸟巢时，要特别小心，不要移动周围的隐蔽物。正在产卵期或孵卵期的亲鸟，一旦发现周围环境有所改变或卵有翻动，往往会放弃巢卵。

若采集鸟巢，最好等亲鸟回巢后一同采回，以资鉴定种别。因为有些鸟类，凭野外观察，往往不能准确判断种、亚种，必须根据鸟类标本的鉴定，才能更为准确。采回的巢、卵标本要进行测量编号登记。筑巢的生态环境和量度的记载也很重要。鸟巢不但在地理分布上有着严格的局限性，而且各种鸟类选择筑巢的自然环境和生态条件也有明显不同。例如，喜鹊（图 3-24）、秃鼻乌鸦喜欢在住宅附近的树上作巢，而红嘴山鸦、寒鸦营巢一般多在偏僻的山崖缝隙中。有些是在灌丛中营巢，有些喜在较高的草地间筑巢。巢的位置也有各种形式和特点，这些都要做详细的记载。

图 3-24　喜鹊筑巢

鸟巢经登记编号后，可装在大小适当的硬纸盒中。如巢筑得很粗糙，容易碎散的话，可以洒一些胶水，以增加它的结构强度，保证巢标本的完整。

为了准确登记鸟巢的外部形状，需要统一登记鸟巢常用的术语。现简述如下。

（1）杯形巢：巢呈杯形、开敞式，出入口在巢上面（图 3－25）。

（2）球形或卵形巢：巢呈球形或卵形，全部掩蔽，出入口在巢的侧面，呈圆形小孔状（图 3－26）。

图 3－25　杯形巢

图 3－26　球形（卵形）巢

（3）悬挂巢：巢壁的上部或边缘固着在树枝或植物的茎秆上，巢底下悬（图 3－27）。

（4）窝：巢的内室（图 3－28）。

（5）出入口：在树洞上或四面密闭的鸟巢的出入孔（图 3－29）。

（6）巢的外饰物：巢外壁的饰物。有少数鸟类常在巢外壁装饰一些饰物，如花、藤，甚至是甲壳虫的外壳。在大多数情况下，它们是用与巢壁本身不同的材料装饰而成的。

图 3－27　悬挂巢

图 3－28　窝

图 3－29　出入口

（7）铺垫（巢内部的铺垫）：窝内铺的和放置卵的材料。它们通常由另一种并且较鸟巢内壁柔软的材料造成。

（8）巢的外径（巢的直径）：在巢相对的侧壁外面最边缘的两点间的距离（巢的最宽处）。

(9) 窝的直径（巢的内面直径）：巢相对内壁最宽处的距离。

(10) 巢高：从外面底部至巢的上面边缘的距离。

(11) 巢深：从窝内表面至巢的上面边缘的距离。

(12) 出入口直径：出入口相对两点间的距离。有时出入口不为圆形，而是椭圆形或长方形，在这种情况下，出入口要作两次测量。

(13) 巢离地面的高度：从地面至巢基的距离。但是，对树洞巢则是从地面至出入口的下边缘。

(14) 卵的大小有两种测量：长度（从钝端至尖端）和宽度（卵的最宽部分），测量出来的长度和宽度的数字，通常用“×”分开，例如，卵长 29mm，卵宽 24mm，则写成 29mm×24mm。卵的量度以 mm 为单位，在毫米以下，可以略而不记。

2. 鸟卵

从巢中取出的鸟卵标本，要分别用棉花包裹放在木箱或硬纸盒内，以免碰坏或压碎。带回宿营地点或标本室后，要尽早清除蛋白、蛋黄等。若搁置日久，蛋白变质腐败，蛋壳也因而变黑，不是原来的色泽，同时，也容易破碎，不能久藏。在未清除蛋白、蛋黄前，先分别称卵的重量并量卵的长度和宽度。测量完毕，将蛋放在清水中，若沉在水底，则多为未孵之卵；若浮在水面，则为已孵的卵，若孵期较长，蛋中幼鸟已成形，则不易清除，可在卵壳上钻两个小孔，注入福尔马林溶液或酒精，再泡浸一星期后，取出晒干，可永久保存。若未孵或孵期不久的卵，可先放在清水中 3～4 小时，使清水由气孔渗入壳内，以稀释蛋白。做好以上工作后，就在蛋壳上钻一小孔（蛋壳钻孔，应在卵壳的侧面，并选择色泽比较一致的地方）。孔钻成后，用吹筒（定做或自己做小玻璃管）对准小孔吹挤，利用空气压力，将蛋中的蛋白、蛋黄全部吹出（吹时可随时吸点清水吹入，使蛋白、蛋黄稀薄，更容易清除干净）。这种工作还可以利用注射器来做。将注射器吸满清水后，将针头插入开孔中（为了避免用力过大而碰破卵壳，可将注射器竖起来，使针头顶着鸟卵），再缓缓将清水压入鸟卵中。卵内物质受清水的挤压，就顺针头流出来。如此进行数次，卵壳内部即可冲洗洁净。最后，用注射器将卵内的水吸出。晾干后，标本就已做成。

鸟卵处理后，可放入巢中，登记编号（一定要附记鸟标本的野外登记号，以资查考），一同放入纸盒中保存。

卵的登记包括鸟名、一巢的卵数、卵的大小、卵的重量、采集地点及日期等。最好不要在卵上写字，如必须写字或做记号，就在卵的开口附近注明号码。一般采用的编号为分子式——巢卵的总数作为分母，个别卵的号码为分子。

五、鸟类标本的装运

在野外使用的箱子要采用轻便、坚固和不漏水的塑料箱。同时，大小也要适于托运。没有塑料箱时，可以用五合板制成，箱角用铁包住。通常的尺寸为长 62mm、宽 31mm、高 55mm。箱子内分两层或三层，外面并有搭扣，以便加锁。同时，要在箱外明显处标明上下，记号为“↑”或“↓”，以防运输时倒置，损坏标本。

标本制成后，用纸或棉花包裹，以免损坏羽毛。在装箱时，要将标本一一在箱内排好。最好的办法是将标本按大小分别先放在大小不同的纸盒内，然后再放在箱内，这样所装入的标本就不易压坏。如果没有纸盒，就把大鸟放在下面，小鸟放在上面。不要挤压得太紧，也不要过松，装得太紧会使标本变形；装得太松，标本由于运送途中的摆动，羽毛也会受损。

如果没有特别的标本箱，可以购买普通的木箱，但不宜过大，要求坚固。先在箱内铺上塑料布或油布，以防雨水漏入。然后铺上棉花，将标本排在棉花上。最好在每一层标本上再铺上一层棉花或纸，这样标本会保护得更好。最后，铺上一张塑料布或油布，再钉上箱盖，捆上绳索，以便搬运。

在野外考察过程中，带着标本旅行，会由于旅途搬运而易使标本受到损坏，因此，每次考察告一段落时，或途经交通便利之处，就应由交通部门或邮局运回标本室。

六、鸟类标本的消毒

在野外获得的新标本，羽上或鸟巢中都会寄生很多微生物或羽蚤，天长日久能蛀坏标本。因此，标本运回后，不能直接进入标本室，必须进行熏蒸，把寄生虫毒杀。熏蒸是采用毒气熏蒸法。用木柜或铁皮柜一个，内分数层，柜子必须严密，不能有裂缝或漏气，以免毒气外泄。每 $50m^3$ 的配药量，其比例如下：

氰化钾	17～30g
硫酸	28～30mL
水	57～60mL

熏蒸时，将新获得的标本分层放置柜中，把门缝严密封闭，仅留一小门；然后，用瓷盆或瓦盆（切忌用金属盆）先置入清水，再慢慢注入硫酸，并予搅拌；最后用二、三层纸包氰化钾（氰化钠也可）倒入盆中，迅速将门密封。熏蒸标本时，需要特别注意人身安全。因氰化钾与硫酸水溶液作用，会产生一种剧毒的气体，使人致死。约一星期后，即可把柜门打开，放出毒气。开门后要迅速离开，以免中毒。隔日就可将标本取出，送入标本室进行整理。

图 3－30 为广州民航职业技术学院的标本室。

图 3－30 广州民航职业技术学院的鸟类标本室

第四章 野外摄影与摄像

一、野外摄影

摄影是野外工作中必不可少的内容之一。它能用图片的方式把我们工作地区的自然环境、鸟类的生活和繁殖习性等，生动地记录下来。目前国内外生产的相机种类很多，而且都是全自动数码相机。要想在野外拍摄到较佳的图片，需要做好以下几个方面的工作。

1. 器材为先

对于人像、风景、生活写实等摄影题材来说，创意可能比器材更加重要，而关于野外鸟类的摄影绝对是“器材为先”。由于数码相机的智能化，光圈、连拍、景深等技术问题现在先不说，单单是相机的镜头焦距不够长，就无法在野外拍摄到清晰的鸟类相片。所以，长焦镜头是拍摄鸟类相片的最基本条件。400～500mm 焦距的超长焦镜头已经是基本级数，有时由于距离太远还得裁剪一下，如光圈够大（如 500mm f/4）也可加上一个 1.4X 增距镜使用。以焦距而言，600mm 自然更加理想，不过由于重量比 500mm 高出不少，使用此类焦距的“拍鸟”爱好者为数不多。现在也有高倍变焦 DC，焦距可达 800mm 以上，比专业拍友的 600mm 焦距更强，只不过对焦及连拍速度较慢，拍摄一些静态的镜头还是应付得来的。

要捕捉鸟类飞行、猎食的动作，相机反应一定要够快（这里所指的反应是指对焦及连拍速度）。基本上越是高级数的单反相机，对焦系统便越先进，连拍速度也较快，快门时滞（按快门键与实际曝光之间的时间）及观景器遮黑时间也较短，对拍摄动态的鸟类相片较为有利。此外，高级的单反相机通常会有较多的对焦点数，覆盖画面的较大范围，即使鸟类偏离画面中间仍可准确对焦。而数十个对焦点中，如果当中的十字对焦点数目愈多，对焦反应便愈灵敏，对于拍摄净色的鸟类会有较佳的表现。需要注意的是，由于长焦镜头部分镜身内置超声波对焦马达，因此，对焦速度也很大程度地对对焦设计产生影响。

一支 600mm 长镜连机身的重量一般都超过 6kg，即使镜头设有防震，但是要长时间手持几乎是不可能的，因此，脚架及云台也是鸟摄的重要外围器材。云台方面，最基本可以使用球形云台，在追踪鸟类时松开云台锁来拍摄，以帮助稳定镜头。较专业的可以用悬臂架，也即俗称秋千架，上部由一个活动架组成，可将镜头连同镜头架装上插板，下方则为水平转向轴，两者配合便可令沉重的器材灵活摆动。至于在三脚架方面，除了要注意负重之外，同时，也要留意抗扭及吸震能力，后两者对三脚架的稳定性都有很大的影响。

2. 拍摄鸟类的注意事项

在自然条件下，鸟类会逃避猎杀，避开人类，保证生命安全，这是野生鸟类的天性。它们进行任何活动都会与人保持一个安全距离，一旦发现人类入侵安全距离范围，便会自动走远一点，甚至立刻飞走。为了争取较近的距离拍摄鸟类，在野外拍摄时要尽量减少惊动鸟类的机会。最基本当然是减低声浪，一些噪声如电话铃声、谈话声音等都会使鸟类变得很警觉。此外，衣物也尽量避免鲜艳的颜色，要接近大自然的颜色（如咖啡色、绿色），这些颜色具有一定的“保护色”作用，所以，有些鸟摄爱好者拍摄时会穿上迷彩军服，甚至给镜头包上迷彩伪装。另外，由于鸟类是不能受控的主体，在拍摄时我们只能够自己配合鸟类的习性，所以观察和了解鸟类的习性对鸟摄有很大帮助。野生鸟类最基本的习性是在 5：00～8：00 及 16：00～19：00 觅食，中午通常休息。如果想拍摄飞行、觅食等动态就要注意拍摄时间。另外，在沿海湿地或滩涂觅食的候鸟活动范围也会受潮汐影响。例如，大潮退时会有大片的沼泽显现，鸟类觅食时就会有空间走远一点避开人类，拍摄起来会较困难；相反，大潮涨时，潮水将沼泽泥地全部覆盖，除鸥类和少量涉禽外，其他鸟类根本不会在水面觅食，只会在岩石、树上休息，所以，潮汐涨退之间是最佳的拍摄时间。黑脸琵鹭（图 4－1）全球数量约 2000 只，但是，在冬天的南方湿地一带不难见到其踪影。春天燕子喂食幼鸟、飞翔中的白鹭等，这些优美的图片就靠相机的拍摄功能。早上鸟儿会在泥滩觅食。

上述内容我们已介绍了野生雀科目鸟类摄影的一部分先决条件及注意事项，这里我们再讨论一下拍摄鸟类的一些基本摄影技巧，为鸟类摄影的初学者提供一点建议。当然，掌握这些技巧只是拍摄鸟类的基本条件，要拍出好的作品，需多拍、多尝试，在实践中提高拍摄技术，这是不二法宝。当然，在野外拍摄鸟类图片，耐性更是不可缺少。

图 4－1　黑脸琵鹭

3. 光源

光是摄影的重要元素，所以跟拍摄任何题材一样，光源也是拍摄鸟类觅食的重要条件之一。由于阳光以较倾斜的角度照射，因此，摄影师可以按照需要自己选择拍摄的最佳位置。当太阳在自己后方时就可以用正光照明，太阳在自己前方的话就有背光、背侧光照明的效果。如果在正午拍摄，光源便会变成顶光，较难获得理想的拍摄效果。什么时候用什么光源拍摄鸟类，这要看当时鸟类与摄影者之间的位置和所处的环境。当拍摄在大范围生态景观如沼泽、水面、天空的鸟类时，最常用正光拍摄，一来可以避免水面、地面的反光令背景变成一片死白；二来自己在背光位置，鸟类较难看清楚自己的动作，惊动鸟类的机会也少一点。由于光线充足，快门速度也得以提高，有利于定格鸟类一瞬间的动作。当拍摄在树林、灌丛、草丛的鸟类，又或者画面的背景较暗时，就可以用背光方法拍摄，令阳光勾画出鸟类的轮廓，增加相片的立体感和动态感。在水上或沼泽活动的鸟类可用正光拍摄。池塘由于水面有树林的倒影，令水面的背景较暗，可以用背侧光来呈现立体感。相机设定的曝光模式也需注意，由于要拍摄的鸟类大概都会在我们预计的地方出现，加上阳光的变化不会太大（除了在多云情况下），因此摄影师多数会用 M 手动曝光模式拍摄，预先锁定相机的光圈、快门、ISO，这样便可以避免相机的测光太过受不同的背景亮度影响。由于要以高速快门来定格鸟类的动作，即使在光天化日的情况下，通常都会用上 ISO800 或以上的感光度，令快门速度起码有 1/1000 秒以上。M mode 是鸟摄最常用的曝光模式，使用 1/1250 秒快门，可以定格鸟在空中飞行的动作。随着智能单反数码相机的出现，以上这些问题只要把拍摄模式设为自动，就都可以解决了。为了使大家了解摄影的基本原理及传统相机的拍摄技法，这里向大家做一些常识性的介绍。

（1）测光方法：在设定光圈、快门时，通常都会参考相机的测光，以重点测光的模式，对着环境中受光相近而不深不浅的地方（如水泥地、泥土、杂草等）读取数据，当然，要视 sampling 的深浅色情况进行适度的调校。例如，水泥地的颜色比 18%中灰较浅，可以根据测光数据再增加 1/3EV 至 1/2EV 曝光。

（2）曝光调校：要注意的是，即使光源不变，曝光值也应根据鸟类本身的颜色而有所适应。例如，拍摄白色羽毛的鸟类时，可以略为正常减少 1/3EV 至 1/2EV 曝光（即设定为稍为曝光不足），以避免羽毛曝光再失去层次。相反，拍摄羽毛颜色深的鸟类时可以稍为增加曝光，令暗位的层次更加清晰。

（3）对焦模式：跟拍摄一般动态主体一样，拍摄野生鸟类时，可以选用相机的连续对焦（追焦）功能，并且以连拍模式拍摄，以捕捉鸟类一瞬间的动作。初学者可能未掌握鸟类的动态走向，这时不妨使用相机的多点对焦功能，即使鸟类在画面中走来走去，也可以提高成功对焦的机会。不过有时一些鸟类会在固定地点出现（如水中的竹杠顶），这样就可以将镜头的对焦锁定，减少对焦的时间，鸟类一有动作便可按快门进行拍摄，增加拍摄的反应。当知道鸟类通常会在哪一点落脚，便可预先将对焦固定然后“守株待兔”。构图原理有三分法、黄金分割法等大路构图法则，同样适用于鸟类视线的方向留有空间，令相片的感觉更为平衡。在复杂的环境下，利用镜头的剪裁，为相片铺排前景及背景，增加相片的层次感。利用水面的倒影可突出对称美。采用较低的拍摄高度，跟鸟类高度几乎成水平状态，除可增加代入感外，也可以加强浅景深的效果。鸟类之间的视线互动，在相片中形成了无形的引导线，增加相片的故事性。

在野外比较容易拍摄的并非活鸟本身，而是它们在活动坊所的一切痕迹，如巢（图 4－2）、猛禽吐出来的食物残块、泥上或雪上的足迹等。

最普通的拍摄对象就是鸟巢。筑在地面上的鸟巢比其他的容易摄照（最好的角度是从

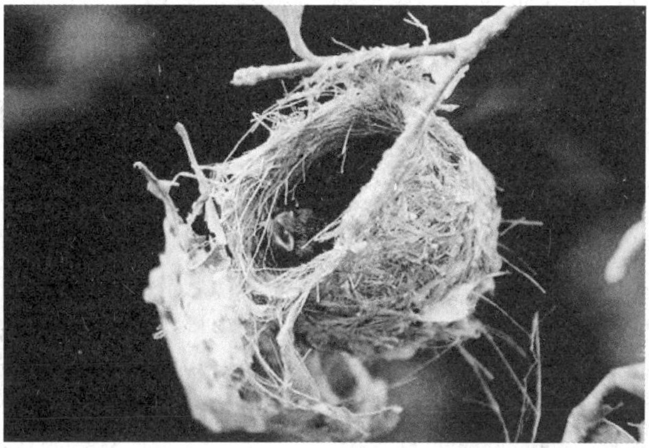

图 4-2　鸟巢

上侧面）。在灌丛、草丛里，鸟巢全被树枝遮盖，只好把一部分枝条拨开，甚至要把它折断，这样就破坏了鸟巢的天然状况。如果进行生活史或繁殖习性的研究，必须就同一个鸟巢在不同时期给予一系列的摄照（图 4-3、图 4-4、图 4-5、图 4-6），如筑巢、产卵以至雏鸟在不同的发育时期。

图 4-3　鸟在筑巢

图 4-4　雌雄鸟共同营巢

图 4-5　待完成的泥质巢

图 4-6　完整的泥质巢

每个鸟巢最好摄取2～3张照片。第一张是特写，只摄鸟巢；第二张摄取鸟巢及其周围情况（图4-7）；第三张是远景（图4-8），即鸟巢附近一带的环境。

图4-7　鸟巢及其周围情况

图4-8　鸟巢附近一带的环境

在自然界中拍摄鸟类的生活照片是相当困难的，特别是使用没有望远镜头的、比较简单的照相机。在这种情况下，可以设法利用隐蔽物或特制的棚子来进行拍摄。隐蔽体或棚子需要在距鸟巢、鸟饮水或平常觅食坊所不远的地方事先准备好，使鸟类习惯之后，拍照的人就可躺在隐蔽体内拍摄它们的生态照片。

在实践中，还有一种办法可以利用。如要拍摄一张亲鸟在巢中喂幼雏的照片，先找一个适宜的地方，然后设法把假照相机安装在那儿（将来装置照相机的地方），并用一些枝条加以伪装。必须使鸟儿对陌生的物件完全习惯以后，换上真的照相机，照原样伪装起来，并从快门拉出一条很长的快门按钮到远离鸟巢的隐蔽体。拍摄照片的人在隐蔽体中窥探鸟巢的情况，在适宜的时机牵动快门线，快门一响，就摄取了鸟类育雏的照片。

在野外摄取鸟类照片的机会很难得到，因此，拍摄者对于所摄照片要有把握，也就是不会失败。如果在开始时没有十分的把握，不妨多照一两张。一般效果不好都是失败在感光上，不是过度，就是感光不足。当有太阳时，一般拍照，光圈可用f8，速度用1/50秒。所用的速度如慢1/25秒，常因拍照时手动而影响效果。

目前使用的数码相机，这些问题基本上都已解决。但是，初学者还是应该对这些摄影的基本原理有所了解，特别是对老式机械相机的了解，对我们在野外更好地使用数码相机拍摄更好的鸟类图片更有帮助。

因各国制造的相机规格不同，为了机场驱鸟人员及野外工作人员的使用方便，现将几种常用的相机介绍如下。

1. 全画幅数码单反相机

全画幅数码单反相机的优势在于画质极好，像素较高，图像处理和传输速度较快，功能强大、兼容性好、附件全面。缺点在于价格较贵（1.4万～5.6万元），而且连拍速度相对低一些。

现在市面上卖的主要有尼康D4、佳能EOS-1DX，这种全画幅数码相机在像素和图像处理、连拍速度之间做了权衡，除了保留传统的优点之外，连拍速度大为提高，而且有着革命性的高感光度成像质量，这是难能可贵的。所以如果机场经费充足，可以选择全画幅数码相机。

2. APS画幅数码单反相机

APS画幅数码单反相机也有多种格式，大致分为APS、APS－C、APS－H等类，等效35mm焦距分别为1.5X、1.6X、1.3X；其对应的机型有尼康D300s、佳能EOS 7D、佳能EOS－1D Mark IV等。相对于全画幅数码单反相机来说，APS画幅数码相机多数价格相对便宜一些，其中APS－H类型的佳能EOS－1D　Mark IV（外号“大马四”）相机最贵，价格在2.8万～3.2万元；APS和APS－C格式的顶级相机价格通常在1万元上下。

APS画幅数码相机连拍速度较高。另外，由于被摄的鸟一般都距离拍摄人员比较远，所以要想鸟在画面里占更大的面积，就必须用超远摄镜头，焦距越长越好，在同一拍摄距离，APS画幅对于全幅画有着“先天”的优势。

但是，APS画幅数码相机高感光度的画质一般不如全幅相机，后期剪裁的空间稍小一些。目前，使用APS画幅数码相机拍摄鸟的人较多。

3. 微单和单电数码相机

微单相机的轻便特性很有吸引力，价格多在3500～10000元，不算太贵，再加上可以换镜头并通过转接环加装超远摄定焦镜头的优势，已经成为不少业余鸟类摄影人员的重要备用相机。

值得注意的是，微单数码相机所使用的数字影像传感器各个厂家都不尽相同，很多是和APS画幅相当的，也有和普通轻便型卡片机类似的小尺寸（如2/3英寸）数字传感器。对于鸟类摄影来说，面积过小的数字影像传感器是达不到画质要求的，所以选择APS画幅相当的微单数码相机比较妥当。

二、野外摄像

1. 摄像机的操作

（1）变焦距镜头的自动控制：摄像机的变焦距镜头有3个可调参数——焦距、光圈、聚焦。为了便于摄影操作，常常将调节这3个参数的部件用自动或电动控制电路加以控制，并设置“手动”及“自动”转换开关，以便供摄像人员于不同的拍摄场合选用。

① 光圈：摄像器件能够承受的景物的明暗强度是有限的，这个限度远远小于自然界景物亮度和光线的变化范围。为了使摄像机能够正常地工作，镜头上均有可变的光圈。现代摄像机光圈大都由薄钢片制成，通过调节这组钢片构成的进光孔直径来控制光量。进光孔直径大，光线的进光量就多；进光孔直径小，则进光量就少。进光量的多少，实际上与进光面积成正比，或与光孔直径的平方成正比。此外，投射于摄像器件靶面上的实际亮度还与镜头的焦距有关。焦距长则亮度低，焦距短则亮度高。因此，我们把通过光圈的实际孔径与焦距长度之比表示的镜头实际透光系数称之为相对光圈。用大写F值的分数来表示，F值$\sqrt{2}$倍递增。相应光圈面积每减少一半，进光量也减少一半。F2表示镜头的光孔直径是焦距的一半，F16表示镜头的光孔直径为焦距的1/16，F值越大，进光量越小；F值越小，进光量越大。有时，某镜头的大光圈是F1.6、F1.8等，且不以$\sqrt{2}$倍递增，但

是，F2.8以后的小光圈F值基本是一致的。

变焦距镜头的光圈与变焦环是连动的，不论使用多长的焦距，只要光圈F值相同，投射到摄像器件靶面上的亮度都是相等的。

② 自动光圈：目前，野外使用的摄像机，基本上都采用带有自动光圈的变焦距镜头。这种摄像机能够通过对视频信号的平均值或峰值进行检测，再利用检测值来自动控制镜头光圈的扩大或缩小，以确保在不同的光照下均可获得较好的视频电平信号。在野外，有了自动光圈，只要摄像机对准鸟类，镜头的光圈就会自动调整到最恰当的位置，输出标准的视频信号。

③ 瞬间光圈：在逆光环境中，可按下“瞬间光圈”键，改手动方式为自动方式。调整好光圈后，释放“瞬间光圈”键，虽然光圈控制恢复到手动方式，但光圈大小并不改变。

④ 电动变焦距：摄像机变焦距镜头上一般都有“电动变焦距”控制结构，它是为克服人工控制变焦距速度的不均匀而专门设置的。其工作原理为：通过控制变焦距直流电机的正转、反转及转速的变化来带动齿轮传动系统，使变焦距镜头的变焦环以一定的速度转动，从而进行镜头的推动。

(2) 自动白平衡调整电路的工作原理：当摄像机取一个标准白色的物体时，根据色度学原理，只有当三路基色电信号相等（R=G=B）时，才能在显像端呈现标准白色。然而，实际上由于诸多因素，例如外部光源的色温变化，红（R）、绿（G）、蓝（B）三只摄像器件的光——电转换特性不一致，放大处理电路中各电子元件的离散性等，造成最后输出的R、G、B电信号不相等。这样，监视器上重现图像时，就会产生所拍摄的鸟类不白而偏离某种色彩的现象。因此，在野外开机后，需要在摄像机镜头前用一张白纸调节平衡，从而减控摄像中的色差问题。

(3) 自动黑平衡调整的工作原理：在红（R）、绿（G）、蓝（B）三基色视频信号中，如果黑电平的大小不一致，那么彩色监视器所显示的图像中，就会出现黑色物体，并非纯黑色，而是偏向于某种彩色的现象。一旦发现这种现象，即使正确地调整了白平衡也不行。因此，在正式拍摄前，还应认真地进行黑平衡调整工作。

2. 摄像机的一般调整方法

(1) 将开关置于正常的工作位置：适当选择摄像机工作的供电电源并作一切必要的连接，将摄像机板面上各开关置于正常的工作位置。

为使摄像机能够正常地工作，首先要根据工作内容及环境条件而选用适当的供电电源。摄像机的电源供给有以下几种方式：①由摄像机专用的直流可充电电池供电；②由摄像机的交-直流变换电源供电；③由摄像机控制器供电；④由摄像机配套使用的录像机供电；⑤由汽车电瓶通过专用电缆供电。

以上五种供电方式中，①适用于室外拍摄或无交流220V电源的场合。一个充足了电的直流可充电电池对摄像机的供电时间可达半小时至几小时（依摄像机耗电情况而定）。此类电池用完之后，应立即用该种电池的充电器进行充电，直至充足为止。完全充足电的此类电池在放置一两个月之后电压会有所降低，故应在使用前再次充电，以延长电池的使用寿命。②、③适用于有220V交流电压供给的场合。④应由配套使用的录像机供电。这是因为录像机本身既可以用交流电源供电，也可以用专用电池供电进行工作，故可用于各种场合。⑤适用于野外拍摄。

摄像机工作时的连接包括供电线、摄像机与被遥控的录像机之间的多芯电缆连接线、传送到监视器及特技效果发生器的视频电缆线、音频电缆线等，应该依据所选用的工作方式、供电方式、记录方式及监视方式等进行这些设备间的连接。

此外，还必须将摄像机板面上的各个开关置于正常的工作位置上。当准备工作全部就绪后，才能进行下一步骤的调整工作。

（2）打开电源，预热摄像机：打开电源开关之后，电源指示灯点亮。由于摄像机内的摄像管是一个电真空器件，所以应使之有一个预热的过程（30 秒至 5 分钟不等）。在开电源之前，应注意摄像机的镜盖是否盖好，以及光圈是否关闭。

（3）选择适当的色温滤色片：摄像机开机后，应该根据实际工作时的光源色温而选用摄像机上的相应色温滤色片。

（4）选择适当的镜头工作方式：在选择变焦距镜头上光圈、变焦距及聚焦的方式时，可根据实际拍摄情况的要求和摄像人员的习惯将光圈置于“手动”或“自动”方式；变焦距时一般将光圈置于电动方式；聚焦时一般为人工方式。完成上述工作后移去镜盖，此时可于寻像器上看到图像。

（5）在实际拍摄的光源条件下调整白平衡：调整摄像机白平衡的一般方式是，在相应的光源色温条件下，用摄像机拍摄一个标准白的物体，将此白信号推至满屏，然后，将摄像机板面上的自动“自动白平衡”调整开关置于“自动”的位置，并观察寻像器上的白平衡调整指示，此时机器即能够自动地进行白平衡的调整工作。当白平衡调整完毕时，寻像器上的调整指示消失（不同的机器调整指示方法各异），这时应将白平衡开关置于“记忆”的位置。

白平衡的调整工作在下列情况下必须重新进行：

① 拍摄时的色温发生了变化；

② 使用时超过了摄像机白平衡的有效记忆时间；

③ 改变了所选用的滤色片；

④ 拍摄现场的光源照度发生了变化。

白平衡调整的结果如何将直接影响以后所拍摄的画面的彩色逼真程度，所以必须加以重视。

（6）调整黑平衡：当按下机器的自动黑平衡开关时，彩色摄像机就自动地关闭光圈并进行调整。当寻像器上指示黑平衡已经调整完毕时，就可以将开关置于“记忆”的位置，调整结束。

（7）摄像机的彩色重合调整：摄像机彩色重合的调整是一项很细微的工作，如果调节不当，就会产生相反的效果。在进行重合的自动调整时，首先应该将摄像机板面上的“重合”开关置于“自动”位置并选用适当的参照物体或选用合适的测试卡，而后用摄像机拍摄这些物体，并进行聚焦，这样，机器就能自动进行调整。当寻像器上指示调整已完毕时，就可以将开关置于“记忆”的位置。

在此需要指出的是，选择摄像机进行彩色“重合”调整的参考物体时应注意：①此物体应该有明确的轮廓；②此物体必须是静止的；③此物体必须在一定的照度之下，并具有一定的对比度；④此物体必须有较为丰富的色彩而不能是单色的。

最为理想的调整重合的参考物体是有一定图案的电视测试卡。需要注意的是，在进行彩色“重合”调整时，摄像机必须保持静止。家用彩色摄像机不需要进行这一重合的调整。

以上所介绍的是彩色摄像机正式开拍前所需进行的一些最基本的调整步骤。当这些调整工作完成之后，就可以正式开拍了。此后就是变焦距镜头的熟练操作使用、画面的构图等方面的问题。

3. 摄像三要素

摄像作为一门综合性艺术，它要求摄像人员不仅能熟练地操作摄像机、准确地摄取目标，而且必须掌握视觉艺术的一般规律以及摄像本身的艺术特点，根据内容的需要采取相应的艺术手法，进而从事创造性的工作。所以，摄像艺术所反映的是摄像人员的主观创作意图和风格，是摄像人员艺术鉴赏水平和辨别能力的实际运用。在这里摄像位置的选择起着至关重要的作用。

摄像位置是指摄像的方向、距离和角度，一般又称为摄像三要素。当拍摄对象确定之后，在进行实际拍摄之前必须对摄像三要素进行选择和确定。对于同一被摄对象而言，如果拍摄方向、距离和角度不同，所得到的视觉形象以及画面结构就不同，这种变化是有一定规律可循的。探讨三要素的目的，在于了解和掌握由于摄像三要素的变化而引起的被摄对象的形象变化和画面结构变化的一般规律，并由此预见到它将对图像产生的影响，从而更积极地发挥摄像人员的艺术创造性。

(1) 摄像方向：摄像方向是指摄像机于被摄对象在摄像机水平面上的相对位置，即通常所说的前、后、左、右、正面、背面或侧面。在摄像时，一般总是先选择摄像点，即先选择摄像方向，在确定好方向之后再确定摄像角度。

① 正面方向。正面方向就是常说的正前方，摄像机正对着被摄对象在正前方拍摄。正面方向拍摄有利于表现被摄对象的正面特征，能将被摄对象的横向线条充分地展示于画面上。

② 背面方向。背面方向就是通常所讲的正后方，摄像机对着被摄对象的正后方向拍摄。背面方向拍摄常用于主体是鸟类的画面。背面方向的拍摄不重视鸟类的面部特征，而注重背部的特征。

③ 正侧面方向。正侧面方向就是通常所说的正左方和正右方。摄像机对着被摄对象的正左或正右方向拍摄。正侧面方向拍摄物体与正面方向拍摄的特点基本相同，这类拍摄多用于鸟类起飞、跳跃、盘旋等，这样可以表现出运动动感为主的画面。

④ 斜侧面方向。斜侧面方向即常说的左前方、右前方以及左后方、右后方方向，也就是说，摄像机处于被摄对象的正面、背面和正侧面之外的任何一个位置时，都属于斜侧面方向拍摄。斜侧面方向拍摄的特点是：能使被摄对象的横向线条在画面上变为斜线，使物体产生明显的形体透视变化，同时能扩大画面的容量，使画面生动活泼，有利于表现景物的立体感和空间感。斜侧面方向拍摄既有利于安排主体和陪体，又有利于突出主次关系，因而是摄像时运用最多的一种拍摄方向。

（2）摄像距离：摄像距离是指摄像机与被摄对象之间实际距离的远近。对于同一个被摄对象来说，如果采用同一焦距镜头拍摄，拍摄距离的变化会引起主体大小及周围景物范围大小的变化，即通常所说的景别的变化，摄像距离近，主体大则景物范围小；摄像距离远，主体小则景物范围大。

另外，在摄像时，除改变摄像距离可以产生景别变化外，还可以通过变焦镜头在不改变摄像距离的情况下使景别发生变化。

（3）摄像角度：摄像角度是摄像机与被摄对象在摄像机垂直平面上的相对位置，或在摄像方向、距离固定的情况下，摄像机与被摄对象之间的相对高度。正是由于相对高度不同，才形成了平、仰、俯三种不同的摄像角度。

① 平摄。平摄就是摄像机与被摄对象在同一水平线上进行拍摄。平摄时被摄对象不容易变形，尤其是平摄人物活动的场面，能使人感到平等、亲切。平摄自然景物时，地平线的处理很重要。如果要强调上下对称，可以把地平线置于画面的中间位置。在一般情况下，应该尽量避免地平线平均分割画面的情况，否则，远近景将压缩在中间一条线上，画面会显得平淡、呆板。

② 仰摄。仰摄就是摄像机低于被摄对象向上拍摄。仰摄景物时，有利于突出被摄对象的高大气势，能将向上伸展的景物在画面上充分展开。利用贴近地面的仰摄还能用于夸张表现运动对象的腾空、跳跃等动作，产生比实际生活中更为强烈的效果。

③ 俯摄。俯摄是摄像机高于被摄对象向下拍摄。俯摄景物有如登高望远，由近至远的景物在画面中由下至上，能充分地平展开来。这种拍摄方法有利于表现地平面上景物的层次、数量、地理位置等，能给人以辽阔、深远的感受，适宜于表现盛大、开阔的场面。

4. 便携式摄像机的操作

便携式摄像机在外景拍摄和实地采访时往往是由一个人单独操作的，如果能有助手帮忙操纵录像机话筒当然更好。但是作为摄像人员首先必须了解摄像机的安装使用和常规的维护知识。即使有突发事件发生或有爆炸性新闻时，处于出乎意料的忙乱之中的摄像人员也应该格外小心地带上所有必备的设备（如摄像机、录像机、话筒、电池、录像带等）。在实际拍摄中，上述诸多因素缺一不可。

在外出拍摄之前，摄像人员首先要检查所有的电池（包括备用电池）是否均充足了电，能否正常使用，同时也要检查一下其他非主要电池（如摄像机中的白平衡记忆电池，定向话筒所用的小电池，录像机系统中用于记数或日期、时间显示的小电池等）。此外，还要检查录像机与摄像机的连接电缆，检查外接话筒及摄像机本身的自带话筒是否处于正常的工作状态。大多数高指向性的话筒在实际使用时还需要打开话筒开关。摄像人员应根据在实际拍摄中可能涉及的活动空间估计一下话筒线的长度是否够用。

检查录像机是否处于通电状态，可以按下“录”键，看录像器中是否显示记录状态。如果有故障，寻像器中的报警灯闪烁，耳机中会出现蜂鸣声。此时，录像机就需要检修了。在实际的外景拍摄中，每个摄像人员都应当根据自己的实际情况和拍摄经验、所使用设备的“脾气”带一些相应的备用品，其中，包括摄像机的保险丝、备用的录像带、灯泡、各种备用电池，以及清洗摄像机镜头用的各种镜头纸、镜头刷和橡皮吹子，清洗录像机所用的清洗液、棉球、小反光器、小工具等。

通常状况下，我们主张每一个镜头都采用三脚架来进行拍摄，但在实际的拍摄中，根据拍摄场地与实际情况的需要，可能要用肩扛着摄像机拍摄，这就要求摄像人员每拍摄一个镜头都应控制好自己的全身，全力以赴地拍摄好每一个镜头。

用右肩扛摄像机时，右手插入镜头右侧的皮套把手内，拇指控制录像机遥控启动开关，食指、中指控制变焦距调节装置；用左肩挎录像机时，左手聚焦和调节光圈或灯光的开关，在打开摄像机和录像机时，不要忘记打开话筒的开关，并注意调好黑白平衡。在拍摄时要保持摄像机的平衡，变焦要平滑，移动拍摄时，应将镜头的变焦环放置于广角的位置，并用整个身体来保持画面的平稳。如果有时间，最好对每一个分镜头进行预调焦，如果时间不充足，摄像人员也应尽力而为地保证聚焦的清晰，较好的方法是先拍特写，而后逐渐拉大聚焦。在光线较暗的情况下，要特别注意聚焦。

实际开拍时，无论有没有人讲话，都应当录音，这一点对于外景摄制人员而言是很重要的，这些声音在后期制作中是很有用处的。与此同时，最好要注意摄像机的寻像器和录像机上的报警信号。外景拍摄小组至少应由两人组成，事先最好作一下分工，一人负责相机拍摄；另一人负责录像机的一切操作及录音和灯光等。在拍摄中应各负其责，相互干涉不要太多，但应当步调一致。在实际拍摄中，应当注意安全，不应冒着生命危险或损坏设备的危险进行拍摄。

完成拍摄工作之后，如果所拍内容并不是急于播出的“热门新闻”，那么在取出磁带前，还应收拾好设备，并将摄像机、录像机上的所有开关均置于“关”的位置上。如果接下来还要拍一些画面，也应将摄像机置于预热状态，同时关掉话筒的电源开关，将摄像机的光圈调于关闭状态，盖好镜头盖，将话筒线整理好，并将所有的设备装箱，为下一次拍摄做好准备。这是因为，随时随地都可能有新的拍摄任务。

5. 拍摄要点

随着便携式摄像机、录像机的出现，实地外景节目日趋增多。外景拍摄使图像形式多样化，增加了现场感。在进行实地外景拍摄时，要求摄像人员必须精通各种单机操作，而且还要对节目内容有充分的理解，所拍摄的镜头无论是技巧性镜头还是一般镜头，均必须严格按要求进行拍摄，否则，难以确保所拍摄镜头的完美性。通常，我们把自开机起至关机止所连续拍摄的画面内容分为起幅、运动、落幅三个部分。起幅是指镜头开始的画面构图；落幅是指镜头结尾的画面构图；运动指的是技巧运动镜头。一般情况下，我们所拍摄的素材总是为电子编辑留有足够的选择余地，起幅留 3 秒，然后施加技巧运动，落幅画面也留 3～5 秒，这样一来，形成的拍摄总长度使后期剪辑时可以自由选择长度范围。但是，考虑到录像机在实行电子编辑时要预卷 5 秒，因此就要求所拍摄的镜头在提前 5 秒开机，即一个镜头的起幅要留 8～10 秒，才能保证所拍摄到的画面在编辑时不出差错。

摄像人员在用摄像机进行拍摄时，为了保证获得较好的画面质量，拍摄过程中要做到平、稳、匀、清、准。

（1）平：平是指所拍摄的画面的水平线要平。绝大部分摄像画面中不是有一条水平线就是有一条垂直线，如果画面中这些线条发生歪斜，就会给观众造成某种主观错觉，这是摄像工作的大忌（需要让观众产生倾斜错觉的镜头除外）。摄像时确保画面水平线水平的关键是摆好三脚架，固定好摄像机的云台，使之处于水平面上。如果三脚架上有水平仪，应使水平仪内的小水泡处于水平仪的中心位置。如果是肩扛摄像，应当利用画面中景物的垂直线或水平线条做参考，使上述线条与寻像器边框平行。俯、仰角度大的镜头是较难把握水平的，但仍应注意利用景物和垂直线条来掌握画面的水平。当然景物的构图不是一成不变的，某些特殊的画面构图则另当别论。

(2) 稳：稳是要求在摄取所有镜头时都应该坚决消除不必要的晃动。晃动对于所拍摄的镜头而言是极其有害的。它破坏观众的观赏情绪，影响画面的内容表达。三脚架是克服这一不足的最为有效的工具。若无三脚架或无法使用三脚架时，应尽量使用广角镜头来摄取画面，利用广角镜头稳定性强的特点来摄取稳定的镜头，否则难以取得较好的画面效果。手持便携式摄像机进行拍摄时需要一定的基本功。手持摄像机拍摄静止画面时应当首先将摄像机在肩部架稳，以右手为主用力握住摄像机，左手操纵变焦、聚焦环及光圈，拍摄时屈肘适当地夹住身体两侧，双脚叉开站立，重心要低，呼吸要平稳，这样拍摄到的图像才能较为稳定。此外，拍摄时还可以尽量利用身旁的依靠物（如墙或树干），也可以屈膝，将肘撑在膝盖部位或将摄像机放于地面上作为辅助支撑。若需要走动拍摄，在走动时为了减轻垂直震动，双膝应略加弯曲。

(3) 匀：匀是指施加技巧的速度要匀，不能忽快忽慢，无论是推、拉、摇、移还是施加其他技巧，都应当匀速进行，推拉技巧使用电动变焦装置是很有效的；摇镜头的匀速进行依赖于摄像机的三脚架云台的良好阻尼特性；移动拍摄主要是操纵和控制好移动工具，使其保持匀速运动，起幅和落幅时速度应当缓慢，加速或减速时变速要均匀。另外，可以充分利用寻像器的两个垂直边框作为控制变化速度的参照，通过掌握运动物体进出边框的时间来控制移动速度的均匀程度。

(4) 清：清是力求电视图像清晰，或者根据内容的需要模糊到所需要的程度，以表达某种气氛。即使如此，也应该首先做到完全清晰，然后使之模糊到所要求的程度。为了使拍摄画面清晰，首先保持摄像镜头的清洁。因此，在拍摄之前要仔细检查摄像机镜头是否有污垢，不清洁的镜头应该按规定方法仔细清洁。当被摄物体要纵深移动时，为了始终保持物体清晰，通常有以下三种方法：①调整光圈，以获得较大的景深；②随着被摄物体的移动而相应地调整镜头的聚焦，使影像始终保持清晰；③摄像机随着被摄物体移动并始终保持一定的距离。

(5) 准：准是要求技巧性镜头成为落幅画面时一定要准确无误。例如，推镜头有大范围景别过渡，当技巧运动结束成为落幅画面时，镜头的焦点、构图和时机一定要是适宜位置。“准”指的就是落幅要准。“准”在摄像诸多因素中是最难掌握的，也是最重要的，尤其是推镜头和摇镜头，画面中的构图在不断变化着，为了保持构图均衡，常常是几种技巧同时操作。落幅画面景别越小，所要求的“准”难度越高，因为它要求一旦技巧运动结束，就应是落幅画面的最佳构图。任何落幅之后（技巧运动结束）的构图修正都会非常明显地在画面中被表现出来。落幅后还在修正构图会给观众一种含糊其辞、模棱两可的印象。

第五章 野外速写

速写，在野外研究鸟类中，特别在野外鸟情调查工作中，是一种很重要的搜集资料的方法，它可以用一些简单的线条很快地画下鸟的形态和特征。在野外观察中，许多对象不能用文字来表达，必须依靠速写把它记录下来。

照相、摄影技术的应用，很大程度上代替了速写。可是由于照相受到光线和地形等条件的限制，往往不能完全拍下所需要的材料，而速写却可以用简单的线条，画出主要的对象，因而在野外鸟情调查工作中具有一定的实际意义。

速写按不同工具可以分为铅笔速写、钢笔速写、炭笔速写等。在实际工作中，以铅笔画为常见。铅笔速写除了能迅速画下鸟类的形态外，还能以线条的粗细、颜色的深浅等，表达出各种鸟的特征，至于用钢笔或其他笔的速写，就较难达到这种效果，而且钢笔画也很难修改。只有当描绘者的手、眼和绘画技艺都有了足够的训练时，也就是有了一定的速写基础时才能用钢笔速写。

用于科学研究的鸟类速写，除了要具有速写技巧外，还要求对鸟的嘴、翅膀、尾等外形结构有一定的了解。因为写生时不允许有很多时间来观察研究速写的对象，也不能对其某一细节或某一小部分作仔细观察，只能在旁边偷偷地看，而且鸟类经常在活动，也有可能突然飞走。这些情况就要求画鸟者对鸟类知识要有一定了解。这样，速写时即使不能详细观察，也能正确地画出鸟类的基本形态，否则，就很难保证速写的真实性，而真实性在科学研究方面是必须具备的。

速写前应抓紧时间观察，应使所画的对象在自己的脑中有一个鲜明的轮廓，并对某一特征有印象后，再参照实物动笔，不应边看边画。否则画的速度很慢，一旦鸟儿突然飞走或改变活动姿态，就很容易束手无策而失去速写的机会。

速写需要有较好的观察力和记忆力，以便观察时能很快地看出鸟类的特征，记下它的形状姿态，并且对一些方面获得印象之后，即使鸟儿飞走了（或改变了姿态），还可凭记忆画出鸟类的特征。观察力和记忆力不是天赐的，而是依靠不断的努力锻炼出来的。下面这种练习方法，对初学者也许有帮助。先对鸟的标本观察几分钟，然后拿开，凭记忆画出这只鸟儿的形态，再拿标本校对，并将不正确的地方加以改正。练习多了对观察力和记忆力都有很大帮助。

在进行鸟类的速写时，如果为了更详细地记录材料，也可以画些局部速写，如专画头部、足部、尾部、翅部等。

为帮助初学者画好速写，我们选用了几种鸟类在野外活动常见的动态特征，供大家参考。图 5－1～图 5－6 即为鸟类速写的图例以及速写的各个步骤图例。

图 5 - 1　鸟类速写图例（一）

图 5 - 2　鸟类速写图例（二）

图 5 - 3　鸟类速写图例（三）

图 5 - 4　鸟类速写图例（四）

图 5-5　鸟类速写步骤图例（一）

图 5-6　鸟类速写步骤图例（二）

第六章 机场及周边地区常见鸟类检索表

本检索表主要为我国机场及周边地区比较常见的鸟类检索表。检索顺序从目、科以至于属。凡是一属中仅有单一种别（可参阅《中国鸟类分布目录》1、2 卷），或在我国境内仅有单一常见的种，则检索仅至属为止。但是，若一属中有两个或两个以上常见的种，则仍检索至种。

本检索表依据中国科学院动物研究所所收藏的鸟类标本，理论依据参考以下书籍编写而成。

（俄）T. H. 杰孟契也夫，等．苏联鸟类检索表［M］．郑作新，等译．北京：科学出版社，1957.

郑作新，等．中国鸟类系统检索［M］．北京：科学出版社，2002.

高玮，等．东北鸟类检索表［M］．吉林省报刊登记证第 84 号．1980.

Blanford W T. The fauna of British India，including Ceylon and Burma：Birds［M］. American：Kessinger Pub co. 2007.

Sharpe R B. Catalogue of the British in the British Museum［J］. Volume 27. 1874 - 1898.

目　　录

目别检索表（一）

1. 脚适于步行；蹼不发达或缺如 …… 2
   脚适于游泳；蹼较发达 …… 游禽类
2. 颈和脚均短；胫全被羽；无蹼 …… 3
   颈和脚均长；脚适于涉水；胫的下部裸出；蹼不发达 …… 涉禽类
3. 足不呈对趾型；嘴爪均特弯曲；掠食性 …… 猛禽类
   足呈对趾型；嘴爪形或平直或仅稍曲；若特弯曲，也非掠食性 …… 4
4. 足呈离趾型（阔嘴鸟科除外） …… 5
   足不呈离趾型 …… 攀禽类
5. 嘴基柔软，仅嘴端具角质；嗉囊能分泌乳状液 …… 鸠鸽类（＝鸽形目）
   嘴全被角质；嗉囊存在时不能分泌乳状液 …… 6
6. 嘴脚均强，雄常具距；嘴有蜡膜；通常营巢于地上 …… 鹑类
   嘴脚均弱，无距；嘴无蜡膜；通常营巢于树上 …… 鸣禽类（雀形目）

目别检索表（二）——游禽类各目

1. 鼻呈管状 ………………………………………………………… 鹱形目

   鼻不呈管状 ………………………………………………………… 2

2. 趾间具全蹼 ………………………………………………………… 鹈形目

   趾间不具全蹼 ………………………………………………………… 3

3. 嘴通常扁平；先端具嘴甲；雄具交接器 ……………………………… 雁形目

   嘴不扁平；雄不具交接器 ………………………………………………… 4

4. 翼尖长；尾羽发达 ………………………………………………………… 鸥形目

   翼短圆；尾羽短，被覆羽所遮盖 ………………………………………… 5

5. 前趾间具蹼 ………………………………………………………… 潜鸟目

   前趾各具瓣蹼 ………………………………………………………………

目别检索表（三）——涉禽类各目

1. 四趾平置；眼先裸出 ………………………………………………… 鹳形目

   后趾小，位置较他趾稍高，或付缺如；眼先常被羽 ……………………… 2

2. 翼大都短圆；眼先被羽或裸出 ……………………………………… 鹤形目

   翼大都尖长；眼先被羽 ………………………………………………… 鸻形目

目别检索表（四）——猛禽类各目

1. 常为夜行性鸟类；蜡膜常被硬须所掩盖；两眼向前；外趾能反转；尾脂腺裸出 ……………………………………………………………………… 鸮形目

2. 猛禽；蜡膜裸出；两眼侧置；外趾（除口鸮属外）不能反转；尾脂腺被羽 ……………………………………………………………………… 隼形目

目别检索表（五）——攀禽类各目

1. 足呈前趾型 ………………………………………………………… 雨燕目

   足不呈前趾型 ………………………………………………………… 2

2. 足呈异趾型 ………………………………………………………… 咬鹃目

   足不呈异趾型 ………………………………………………………… 3

3. 具对趾足 ………………………………………………………………… 4

   具并趾足 ………………………………………………………………… 6

4. 嘴形曲，基部具蜡膜 ………………………………………………… 鹦形目

   嘴形直，基部不具蜡膜 ………………………………………………… 5

5. 脚强；嘴强直；尾羽强硬；卵产于树洞中 …………………………………… 䴕形目
脚弱；嘴端稍曲；尾羽正常；卵通常产于其他鸟巢中 ……………………… 鹃形目
6. 嘴短阔；中爪具节缘 ………………………………………………………… 佛法僧目

鹳形目 CICONIIFORMES

中趾的爪具节缘 ……………………………………………………… 鹭科 Ardeidae
中趾的爪不具节缘……………………………………………………… 鹳科 Cieoniidae
鹳科 Cieoniidae
头、颈和背均白 ………………………………………………… 白鹳 *Ciconia ciconia*
头、颈和背均黑褐色 ……………………………………………………… 黑鹳 *C. nigra*
鹭科 Ardeidae
1. 尾羽 12 枚 …………………………………………………………………………… 2
尾羽 10 枚 …………………………………………………………………………… 7
2. 体羽全白（岩鹭的暗灰型除外） ……………………………………… 白鹭属 *Egretta*
体羽非全白 …………………………………………………………………………… 3
3. 两翼白色 ……………………………………………………………………………… 4
两翼非白色 …………………………………………………………………………… 5
4. 嘴峰较跗跖为短 ………………………………………………… 牛背鹭属 *Bubulcus*
嘴峰较跗跖为长 ………………………………………………………… 池鹭属 *Ardeola*
5. 胫的裸出部较后趾（不连爪）为长 ……………………………………… 鹭属 *Ardea*
胫的裸出部较后趾（不连爪）为短 ……………………………………………………… 6
6. 嘴峰较跗跖为长 …………………………………………………… 绿鹭属 *Butorides*
嘴峰与跗跖几等长 ………………………………………………… 夜鹭属 *Nycticorax*
7. 中趾与爪较嘴峰短 …………………………………………………………………… 8
中趾与爪较嘴峰长 ……………………………………………………… 麻鳽属 *Botaurus*
8. 体形大，翼长在 170 毫米以上 ………………………………… 黑鳽属 *Dupetor*
体形较小，翼长在 170 毫米以下 ………………………………… 苇鳽属 *Ixobrychus*
鹭属 *Ardea*
体羽大都淡灰色，腹面白色；中趾（连爪）短于跗跖 ………………… 灰鹭 *A. cinerea*
体羽背面暗灰色，腹面紫栗色；中趾（连爪）与跗跖等长或较长 …… 草鹭 *A. purpurea*
白鹭属 *Egretta*
1. 翼长超过 350 毫米；无羽冠和胸前蓑羽 ………………………………… 大白鹭 *E. alba*
翼长不超过 350 毫米 …………………………………………………………………… 2
2. 翼长在 300 毫米与 350 毫米间；无羽冠，但胸具蓑羽 ……… 中白鹭 *E. intermedia*
翼长不及 300 毫米；有羽冠及胸前蓑羽 …………………………… 白鹭 *E. garzetta*
草鳽属 *Ixobrychus*
1. 小腿被羽至胫跗节处 …………………………………………… 黄斑苇鳽 *I. sinensis*

小腿在胫跗节上方相当距离处裸出 …………………………………………………………… 2
2. 背紫栗色，两翼覆羽较淡…………………………………………… 紫背苇鳽 *I. eurhythmus*
背栗红色，翼上覆羽同色 ……………………………………………… 栗苇鳽 *icinnamomeus*

雁形目 ANSERIFORMES

鸭科 Anatidae

1. 后趾不具蹼瓣 ……………………………………………………………………………… 2
后趾仅具狭形蹼瓣 ………………………………………………………………………… 3
后趾具有宽形蹼瓣 ………………………………………………………………………… 7
2. 颈较体长，或与体等长 ………………………………………………… 天鹅属 *Cygnus*
颈较体短 ……………………………………………………………………………… 雁属 *Anser*
3. 嘴形短厚似鹅 ……………………………………………………………………………… 4
嘴形广平 ……………………………………………………………………………………… 5
4. 头不具羽冠；初列飞羽的外缘似银灰色 …………………………… 棉凫属 *Nettapus*
头具羽冠；初列飞羽外缘以银灰色；雄鸟翼上具帆状饰羽一对 ……… 鸳鸯属 *Aix*
5. 跗跖下部前面具网状鳞 ………………………………………… 树鸭属 *Dendrocygna*
跗跖下部前面具盾状鳞 …………………………………………………………………… 6
6. 体形较大，翼在 280 毫米以上 ……………………………………… 麻鸭属 *Tadorna*
体形较小，翼在 280 毫米以下 ……………………………………………… 鸭属 *Anas*
7. 嘴形平扁 ……………………………………………………………………………………… 8
嘴形侧扁 ……………………………………………………………………… 秋沙鸭属 *Mergus*
8. 初级飞羽纯暗褐色 ……………………………………………………… 潜鸭属 *Aythya*
初级飞羽非纯暗褐色 ……………………………………………………………………… 9
9. 雄性体羽呈深黑色；雌性灰褐色 ……………………………… 海番鸭属 *Melanitta*
雄性体羽非深黑色 ………………………………………………………………………… 10
10. 尾形适中，尖端稍圆 …………………………………………… 鹊鸭属 *Bucephala*
雄鸟尾形特长而尖 …………………………………………………… 长尾鸭属 *Clangula*

雁属 Anser

1. 嘴长超过 60 毫米 …………………………………………………… 鸿雁 *A. cygnoides*
嘴长不及 60 毫米 …………………………………………………………………………… 2
2. 嘴壳近白 ……………………………………………………………………………………… 3
嘴壳黑色 ………………………………………………………………………… 豆雁 *A. fabalis*
3. 额无白基或仅具较狭白带 ………………………………………………… 灰雁 *A. anser*
额基具宽阔白带 …………………………………………………………… 白额雁 *A. albifrons*
1. 头和颈均黑而绿辉 …………………………………………………… 翘鼻麻鸭 *T. tadorna*
2. 头与颈均栗黄色 ……………………………………………………… 赤麻鸭 *T. Ferruginea*

鸭属　*Anas*

1. 嘴成铲状…………………………………………………… 琵嘴鸭 *Anas clypeata*
   嘴不成铲状 ……………………………………………………………… 2
2. 外覆羽呈蓝或蓝灰色 ………………………………………… 白眉鸭 *A. querquedula*
   外覆羽非蓝灰色 ………………………………………………………… 3
3. 中央尾羽长度适中，并不延长 ……………………………………………… 4
   中央尾羽形特延长，并呈尖形 ………………………………… 针尾鸭 *A. acuta*
4. 嘴形宽阔，与头等长 ………………………………………………………… 9
   嘴形稍小，较头为短 ………………………………………………………… 5
5. 尾上覆羽较尾羽长…………………………………………………… 罗纹鸭 *A. falcate*
   尾上覆羽较尾羽短 …………………………………………………………… 7
6. 两性异色；翼镜呈金属蓝紫色；嘴不具斑 ……………… 绿头鸭 *A. platyhynchos*
   两性同色；翼镜呈金属蓝色；嘴具黄斑 ……………… 斑嘴鸭 *A. poecilorhyncha*
7. 中央尾羽不伸出于外侧尾羽；嘴长在 40 毫米以上 ………… 紫膀鸭 *A. strejpera*
   中央尾羽伸出于外侧尾羽；嘴长在 40 毫米以下 ……………………………… 8
8. 嘴形小，两侧几相平行；翼长在 220 毫米以上………………… 赤颈鸭 *A. Penelope*
   嘴形适中，渐向尖端变狭；翼长在 220 毫米以下 …………………………… 9
9. 体形大；翼长在 200 毫米以上；头侧棕黄而具黑纹 ………… 花脸鸭 *A. formosa*
   体形小；翼长在 200 毫米以下；头部大都棕红色 …………… 绿翅鸭 *A. crecca*

秋沙鸭属　*Mergus*

1. 嘴短于跗跖；翼镜暗色；尾羽 16 枚 ……………………… 斑头秋沙鸭 *M. albellus*
   嘴长于跗跖；翼镜白色；尾羽 18 枚 ……………………………………………… 2
2. 下体纯白 ………………………………………………… 普通秋沙鸭 *M. merganser*
   上胸棕红而具黑纹 ……………………………………… 红胸秋沙鸭 *M. Serrator*

隼形目　FALCONIFORMES

1. 外趾能反转；趾底多刺突；无副羽…………………………………… 鹗科 Pandionidae
   外趾不能反转；趾底不具突刺；具副羽 ……………………………………… 2
2. 上嘴左右两侧各具单个齿突 ……………………………………… 隼科 Falconidae
   上嘴左右两侧无齿突（或具双齿突）………………………………… 鹰科 Accipitridae

鹰科　Accipitridae

1. 头顶被以绒毛，或则裸出……………………………………… 秃鹫属 *Aegypius*
   头顶被以羽毛 ………………………………………………………………… 2
2. 胫与跗跖几等长 ……………………………………………………………… 3
   胫远较跗跖为长 ……………………………………………………………… 4
3. 跗跖较嘴峰长约 2 倍；跗跖后面不具盾状鳞 ……………………… 鹞属 *Cirous*
   跗跖长度适中；跗跖后面不具盾状鳞………………………………… 鹰属 *Accipiter*

4. 跗跖后面具盾状鳞 …………………………………………………………………… 5
   跗跖后面具网状鳞 …………………………………………………………………… 6
5. 嘴形强大 ……………………………………………………………………………… 6
   嘴形较弱……………………………………………………………………………… 10
6. 跗跖全部被羽 ………………………………………………………………………… 7
   跗跖下部裸出 ………………………………………………………………………… 9
7. 爪甚曲；后爪较内爪为长 …………………………………………………………… 8
   爪微曲；后爪较内爪为短 ……………………………………… 林雕属 *Ictinaetus*
8. 头无羽冠；或存在时，也不显著……………………………………… 雕属 *Aquila*
   头具显著棕冠 ……………………………………………………… 鹰雕属 *Spizaetus*
9. 跗跖裸出部不及中趾长度 ……………………………………… 海雕属 *Haliaeetus*
   跗跖裸出部超过中趾长度 ……………………………………… 鵟鹰属 *Butastur*
10. 尾叉状；外侧尾羽较中央者为长 …………………………………… 鸢属 *Milvus*
    尾稍圆；外侧尾羽较中央者为短 ………………………………………………… 11
11. 眼先被羽，而不具须 ……………………………………………… 蜂鹰属 *Fernis*
    眼先具须 ………………………………………………………… 黑翅鸢属 *Elanus*

鹞属　*Circus*（成鸟）

1. 嘴的裸露部分超过 20 毫米 ……………………………… 白头鹞 *C. aeruginosus*
   嘴的裸露部分不及 20 毫米 ……………………………………………………… 2
2. 第 5 枚初级飞羽的外羽无切刻 ………………………………………………… 3
   第 5 枚初级飞羽的外羽具切刻 ………………………………………………… 4
3. 第 2 枚初级飞羽较第 4 枚为短；跗跖长超 64 毫米；尾上覆羽通常具横斑
   ……………………………………………………………… 草原鹞 *C. macrourus*
   第 2 枚初级飞羽常较第 4 枚为长；跗跖不及 64 毫米；尾上覆羽无横斑
   ……………………………………………………………… 乌灰鹞 *C. pygargus*
4. 第 2 枚初级飞羽较第 5 枚为短 ……………………………… 白尾鹞 *C. cyaneus*
   第 2 枚初级飞羽较第 5 枚为长 ……………………………… 鹊鹞 *C. melanoleucos*

鹞属　*Circus*（幼鸟）

1. 第 5 枚初级飞羽的外羽无切刻 ………………………………………………… 2
   第 5 枚初级飞羽的外羽有切刻 ………………………………………………… 3
2. 第 2 枚初级飞羽的切刻距覆羽约 30 毫米 ……………… 乌灰鹞 *C. pygargus*
   第 2 枚初级飞羽的切刻为覆羽所切盖，或几乎如是 ………… 草原鹞 *C. macrourus*
3. 头白而具黑色狭纹 ………………………………………… 白头鹞 *C. aeruginosus*
   头暗褐而微具淡黄纵纹 ………………………………………………………… 4
4. 尾上覆羽白色，并具褐色狭纹 ……………………………… 白尾鹞 *C. cyaneus*
   尾上覆羽棕色，并具更暗色纵纹 …………………………… 鹊鹞 *C. melanoleucos*

鹰属　*Accipiter*

1. 嘴长（自蜡膜前缘量起）不及中趾（不连爪）之半 …………………………… 2

嘴长（自蜡膜量起）超过中趾（不连爪）之半 ……………………………… 3
2. 喉无显著的黑色中央条纹 ……………………………………… 雀鹰 *A. nisus*
喉具显著的黑色中央条纹 …………………………………… 松雀鹰 *A. virgatus*
3. 无羽冠 ……………………………………………………………………… 4
具羽冠 …………………………………………………………… 凤头鹰 *A. trivirgatus*
4. 第 4 枚初级飞羽最长 …………………………………………………………… 5
第 3 枚初级飞羽最长 ……………………………………… 赤腹鹰 *A. soloensis*
5. 翼超过 270 毫米 ……………………………………………… 苍鹰 *A. genfilis*
翼不及 240 毫米 ……………………………………………… 褐耳鹰 *A. badius*

鵟属　*Buteo*

1. 跗跖被羽至趾 ………………………………………… 毛脚鵟 *B. lagopus*
跗跖不被羽至趾 ……………………………………………………………… 2
2. 跗跖不及 75 毫米 ………………………………………… 普通鵟 *B. buteo*
跗跖超过 75 毫米 …………………………………………………………… 3
3. 尾浅棕色，横斑除近端一条外，均隐微不显著………………… 棕尾鵟 B. *rufinus*
尾褐色，横斑显著 ……………………………………… 大鵟 *B. hemilasius*

雕属　*Aquila*

1. 头无羽冠 ……………………………………………………………………… 2
头具枕冠………………………………………………… 棕腹隼雕 *A. kieneri*
2. 鼻孔圆形………………………………………………………… 乌雕 *A. clanga*
鼻孔椭圆形 ………………………………………………………………… 3
3. 后趾的爪较后趾或上嘴（从蜡膜量起）为长；第 7 枚飞羽的外羽狭窄且无切刻 … 4
后趾的爪较后趾或上嘴为短；第 7 枚飞羽的外羽狭窄 …………………… 6
4. 体形较大，翼长于 600 毫米；后头和后颈的羽毛尖锐 ………… 金雕 *A. chrysaetus*
体形较小，翼短于 550 毫米；后头和后颈的羽毛圆形 …………………… 5
5. 尾长于 250 毫米；翼长于 450 毫米 ………………………… 白腹山雕 *A. fasciata*
尾短于 250 毫米；翼短于 450 毫米（极少例外） ……………… 小雕 *A. pennata*
6. 背面为纯褐色或仅在覆羽和尾上覆羽上具淡色横斑 ……………… 草原雕 *A. rapax*
背面黑褐色，而有白色肩羽，或为淡褐色而具有赭色横斑 …… 白肩雕 *A. heliaca*

海雕属　*Haliaeetus*

1. 尾羽 14 枚 ……………………………………………… 虎头海雕 *H. pelagicus*
尾羽 12 枚 …………………………………………………………………… 2
2. 尾纯白色 ……………………………………………… 白尾海雕 *H. Albicilla*
尾褐色而具白端 ……………………………………… 白腹海雕 *H. Leucogaster*
尾杂以褐与白色 …………………………………………………………… 3
3. 头较背为浅色 ………………………………………………… 白腹海雕（幼鸟）
头与背同色 …………………………………………………………………… 4
4. 胸羽矛状，但无皱领 …………………………………………… 白尾海雕（幼鸟）

胸羽矛状，并具皱领 …………………………………………… 玉带海雕（幼鸟）

隼科 Falconidao

1. 体形小，翼不及 170 毫米 ……………………… 小隼 *Microhierax melanoleuous*
   体形居中；翼在 180 毫米以上 ………………………………………………………… 2
2. 爪黄 …………………………………………………………………………………… 3
   爪黑 …………………………………………………………………………………… 4
3. 第 1 枚初级飞羽较第 3 枚短 ……………………………… 黄爪隼 *Falco naumanni*
   第 1 枚初级飞羽较第 3 枚长 ……………………………… 红脚隼 *F. Verpertinus*
4. 体形较大，翼长超过 300 毫米；中趾（不连爪）超过 40 毫米 ……………… 5
   体形较小；翼长不及 300 毫米；中趾（不连爪）不具 40 毫米 ……………… 7
5. 第 1 枚初级飞羽较第 3 枚长；外趾（不连爪）较内趾（不连爪）长
   ……………………………………………………………………… 游隼 *F. Peregrinus*
   第 1 枚初级飞羽较第 3 枚几等长；外趾（不连爪）较内趾（不连爪）也几相等
   ………………………………………………………………………………………… 6
6. 跗跖被羽的部分超过其总长的一半，通常为 2/3 …………………… 矛隼 *F. gyrfalco*
   跗跖被羽的部分为其总长的一半，或稍短些 ………………………… 猎隼 *F. Cherrug*
7. 尾呈凸尾形 …………………………………………………… 红隼 *F. Tinnunculus*
   尾呈圆尾形 …………………………………………………………………………… 8
8. 第 2 枚与第 3 枚初级飞羽几等长；第 1 枚与第 4 枚也几等长；第 2 枚内翈有切刻
   ………………………………………………………………… 灰背隼 *F. Columbarius*
   第 2 枚初级飞羽最长；第 1 枚较第 4 枚长甚；第 2 枚内翈无切刻 ……………… 9
9. 胸白或棕白色，而具褐纹 …………………………………………… 燕隼 *F. Subbuteo*
   胸红棕色，无斑 …………………………………………………………… 猛隼 *F. Severus*

鸡形目 GALLIFORMES

鼻孔被羽掩着；跗跖被羽；无距 ……………………………………… 松鸡科 *Tetraonidae*

鼻孔不被羽掩着；跗跖通常不被羽，雄常具距 ……………………… 雉科 *Phasianidae*

松鸡科 Tetraonidae

1. 跗跖完全被羽 ………………………………………………………………………… 2
   跗跖仅局部被羽 ………………………………………………………… 榛鸡属 *Tetrastes*
2. 趾均被羽 ………………………………………………………………… 雷鸟属 *Lagopus*
   趾不被羽 ……………………………………………………………………………… 3
3. 尾呈叉尾状 ……………………………………………………………… 琴鸡属 *Lyrurus*
   尾呈圆尾状 …………………………………………………………………………… 4
4. 尾羽 18 枚；外侧飞羽不呈镰刀状 ……………………………………… 松鸡属 *Tetrao*
   尾羽 16 枚；外侧飞羽呈镰刀状 ………………………………… 镰翅鸡属 *Falcipennis*

雉科 Phasianidae

1. 尾羽或尾上覆羽具大型而有金属反光的眼状斑 …………………… 2
   尾羽或尾上覆羽无眼状斑 …………………… 3
2. 翼超过 480 毫米 …………………… 孔雀亚科 *Pavoninae*
   翼不及 480 毫米 …………………… 眼斑雉亚科 *Argusianinae*
3. 翼超过 200 毫米；换羽从最外侧一对尾羽开始 …………………… 雉亚科 *Phasiianinae*
   翼不及 200 毫米（除少数外），换羽从中央一对尾羽开始 …… 鹑亚科 *Perdicinae*

鹑亚科 Perdicinae

1. 第 1 枚初级飞羽较第 10 枚短 …………………… 2
   第 1 枚初级飞羽与第 10 枚等长或较长 …………………… 4
2. 尾羽 18 枚 …………………… 角雉属 *Tragopan*
   尾羽 14 枚 …………………… 3
3. 翼超过 215 毫米；雄鸟羽衣具绿和红色 …………………… 血雉属 *Ithaginis*
   翼不及 215 毫米；雄鸟羽衣无绿和红色 …………………… 竹鸡属 *Bamuusicolas*
4. 体形小；翼不及 120 毫米；尾羽 10～12 枚 …………………… 鹑属 *Coturnix*
   体形居中；翼超过 120 毫米 …………………… 5
5. 尾羽 14 枚 …………………… 6
   尾羽 16～18 枚 …………………… 9
   尾羽 20～22 枚 …………………… 雪鸡属 *Tetraogallus*
6. 跗跖裸出 …………………… 7
   跗跖局部被羽 …………………… 雪鹑属 *Lewra*
7. 尾较翅的一半为短 …………………… 山鹧鸪属 *Aborophila*
   尾较翅的一半为长 …………………… 8
8. 肋具粗斑，与下体余部有别 …………………… 石鸡属 *Alectoris*
   肋无斑点；如具斑时，与下体余部也无别 …………………… 鹧鸪属 *Francolinus*
9. 尾长达翅长的 3/4；雄鸟具距 …………………… 雉鹑属 *Tetraphasis*
   尾长达翅长的 1/2；雄鸟无距 …………………… 山鹑属 *Perdix*

角雉属 *Tragopan*

1. 头黑而具赤红斑点（♂） …………………… 2
   头呈褐或灰色（♀） …………………… 5
2. 下体呈斑点状 …………………… 3
   下体不具斑点 …………………… 黄腹角雉 *T. caboti*（♂）
3. 斑点较大而呈珠灰色 …………………… 灰斑角雉 *T. Temminckii*（♂）
   斑点较小而呈白色，并缘以黑色 …………………… 4
4. 胸部底色红 …………………… 红胸角雉 T. *Satyra*（♂）
   胸部底色黑 …………………… 黑头角雉 *T. melanocephala*（♂）
5. 下体灰色，而具圆形小白点 …………………… 黑头角雉（♀）
   下体褐色，而具椭圆形或矛状斑点 …………………… 6

6. 下体具矛状斑 ………………………………………… 红胸角雉（♀）
   下体具大形椭圆状斑 ……………………………………………… 7
7. 体羽一般为黄褐色；上体斑点褐色 ………………………… 灰斑角雉（♀）
   体羽一般为灰褐色；上体斑点白色 ………………………… 黄腹角雉（♀）

鹑属 *Coturnix*

尾羽 8 枚 ………………………………………………… 蓝胸鹑 *C. Chinensis*
尾羽 10～12 枚 ………………………………………… 鹌鹑 *C. Coturnix*

山鹑属 *Perdix*

1. 尾羽 18 枚；胸无黑斑 ……………………………………………… 2
   尾羽 16 枚；胸具黑斑 ……………………………… 高原山鹑 *P. hodgsoniae*
2. 喉侧羽毛延长；胸前蹄状斑若存在时为栗色；眼下无黑斑 …… 栗胸斑山鹑 P. Perdix
   喉侧羽毛呈须状；胸前蹄状斑若存在时为黑色；眼下有一黑狭斑 … 斑翅山鹑 *P. Daurica*

雉亚科 Phasianinae

1. 雄鸟头顶具肉冠 ……………………………………… 原鸡属 *Gallus*
   雄鸟头顶无肉冠 ……………………………………………… 2
2. 耳羽簇发达 ………………………………………… 马鸡属 *Crossoptilon*
   无耳羽簇 ……………………………………………………… 3
3. 尾呈凸尾状，在雌雄两性均较翅长 ……………………………… 4
   尾呈圆尾状，在雌雄两性不较翅长 …………………… 虹雉 *Lophophorus*
   尾稍呈凸尾状；在雄尾稍较翅为长，在雌尾与翅等长或稍短 ……………… 6
4. 无枕冠；第 1 枚初级飞羽较第 10 枚为长；颈项无披肩 ……………… 5
   具枕冠；第 1 枚初级飞羽较第 10 枚为短；颈项上有羽披肩…… 锦鸡属 *Chrysolophus*
5. 腰羽圆形 ……………………………………………… 长尾雉属 *Syrmaticus*
   腰羽矛形 ……………………………………………… 雉属 *Phasianus*
6. 头侧被羽 ……………………………………………… 勺鸡属 *Pucrasia*
   头侧裸出 ……………………………………………… 鹇属 *Lophura*

马鸡属 *Crassoptilon*

1. 耳羽簇突出于头顶之上 ……………………………………………… 2
   耳羽簇不突出于头顶之上…………………………… 白马鸡 *C. Crossptilon*
2. 体羽一般为褐与白色 ……………………………… 褐马鸡 *C. Mantchuricum*
   体羽一般为蓝灰色 ………………………………………… 蓝马鸡 *C. Auitum*

锦鸡属 *Chrysolophus*

1. 体羽主为黄和红色，或白与绿色（♂） ……………………………… 2
   体羽主为绿色（♀） ……………………………………………… 3
2. 腹部为赤红色 ………………………………………… 金鸡 *C. Pictus*（♂）
   腹部白色 ……………………………………… 白腹锦鸡 *C. Amherstiae*（♂）
3. 脚和眶周蓝灰色 ………………………………………… 白腹锦鸡（♀）
   脚和眶周黄色 ……………………………………………… 金鸡（♀）

长尾雉属　*Syrmatious*

1. 体羽大都铜红、橄榄黄或暗蓝色（♂）…… 2
   体羽大都褐色（♀）…… 4
2. 头冠红褐或栗色 …… 3
   头冠黑色 …… 黑长尾雉 *S. Mikado*
   头冠白色 …… 白冠长尾雉 *S. Reevesii*
4. 喉和前颈黑 …… 白颈长尾雉（♀）
   喉和前颈非黑色 …… 5
5. 喉和前颈牛皮黄色 …… 白冠长尾雉（♀）
   喉和前颈淡褐色 …… 6
6. 体羽一般为棕褐色 …… 黑颈长尾雉（♀）
   体羽一般为橄榄褐色 …… 黑长尾雉（♀）

鹇属　*Lophura*

1. 上体非橄榄褐或红褐色（♂）…… 2
   上体为橄榄褐或红褐色（♀）…… 4
2. 肩羽非赤红色 …… 3
   肩羽暗赤红色，并具铜红反光 …… 蓝腹鹇 *L. swinhoii*
3. 尾黑而无白斑 …… 黑胸鹇 *L. Leucomelana*
   尾白，外侧尾羽具不规则的黑色斜纹 …… 白鹇 *L. Nycthemera*
4. 肩羽和翼上覆羽无三角形黄斑 …… 5
   肩羽和翼上覆羽各具一个近端的淡黄色三角形斑，外缘以黑色 …… 蓝腹鹇（♀）
5. 外侧尾羽黑，而无白色斜纹 …… 黑胸鹇（♀）
   外侧尾羽黑，而具白色斜纹 …… 白鹇（♀）

鹤形目　GRUIFORMES

这一目下面所隶属的四个科，或将它们均立为目。

1. 仅具三趾 …… 2
   具四趾 …… 3
2. 体形大，翅长在 200 毫米以上 …… 鸨科 Otdidae
   体形小，翅长在 100 毫米以下 …… 三趾鹑科 Turnicidae
3. 头顶被羽；后趾与前趾平置 …… 秧鸡科 Rallidae
   头上有裸出部；后趾位置较前趾为高 …… 鹤科 Gruidae

鹤科　Gruidae

1. 体羽大都灰色 …… 2
   体羽大都白色 …… 4
2. 耳部具显著的灰羽一块 …… 白枕鹤 *Grus vipio*
   耳部无显著的灰羽一块 …… 3

3. 喉灰 …………………………………………………… 灰鹤 *G. grus*
   喉白 …………………………………………………… 白头鹤 *G. monachus*
4. 颈侧不具黑纹 …………………………………………… 白鹤 *G. leucogeranus*
   颈侧黑纹 ……………………………………………… 丹顶鹤 *G. japonensis*

秧鸡科　Rallide

1. 嘴峰（自嘴裂起）与跗跖等长，或则较长 ……………… 秧鸡属 *Rallus*
   嘴峰（自嘴裂起）较跗跖短 ……………………………………… 2
2. 头无额甲 ……………………………………………………… 3
   头具额甲 ……………………………………………………… 4
3. 第 2 枚初级飞羽最长 ………………………………… 田鸡属 *Porzara*
   第 3～6 初级飞羽最长 ……………………………… 苦恶鸟属 *Amaurornts*
4. 趾无瓣蹼 ……………………………………………………… 5
   趾具瓣蹼 ……………………………………………… 骨顶属 *Fulica*
5. 趾具侧膜缘；两性相同 ……………………………… 黑水鸡属 *Gallmula*
   趾不具侧膜缘，两性不同 ……………………………… 董鸡属 *Gallicrer*

鸻形目　CHARADRIIFORRMES

1. 嘴形宽阔；中爪具栉缘 ……………………………… 燕鸻科 Glareolidae
   嘴形细狭；中爪不具栉缘 ……………………………………… 2
2. 趾特细长，后爪较长于后趾 …………………………… 雉鸻科 Jacanidae
   趾正常；后爪不长于后趾 ……………………………………… 3
3. 趾具瓣蹼 ………………………………………… 瓣蹼鹬科 Phalaropodidae
   趾不具瓣蹼 …………………………………………………… 4
4. 跗跖具盾状鳞 ………………………………………………… 5
   跗跖不具网状鳞 ……………………………………………… 6
5. 雌鸟较雄鸟大而鲜丽；嘴近先端处突向下曲 …………… 彩鹬科 Rostratulidae
   雄雌羽色大小相同；嘴形直，有时徐向下曲，有时微向上曲 …… 鹬科 Scoloopacidae
6. 嘴具隆端 ………………………………………………… 鸻科 Charadriidae
   嘴不具隆端 …………………………………………………… 7
7. 跗跖较中趾长数倍 ………………………………… 反嘴鹬科 Recurvirostridae
   跗跖与中趾几相等 ………………………………… 蛎鹬科 Haematopodidae

鹬科　Scolopacidae

1. 两眼位置不远位于头的后部；耳孔远在眼眶之后 ……………… 2
   两眼位置远在头的后部；耳孔位于眼眶后缘之后 ……………… 8
2. 趾间基部具蹼 ………………………………………………… 3
   趾间基部不具蹼 ……………………………………………… 5
3. 嘴形长而向下曲 ……………………………………… 杓鹬科 N. Umenius

嘴形直或向上稍曲 ………………………………………………………………………… 4
4. 嘴较尾长………………………………………………………………… 塍鹬科 Limosa
嘴成适中，不比尾长 …………………………………………………………… 鹬属 *Tringa*
5. 嘴形直，呈长锥状 ………………………………………………………………………… 6
嘴不成呈锥状 ………………………………………………………… 翻石鹬属 *Arenaria*
6. 后趾缺如…………………………………………………………… 三趾鹬属 *Crocethia*
后趾存在 ………………………………………………………………………………………… 7
7. 嘴形细，先端稍阔 ……………………………………………………… 滨鹬属 *Calidris*
嘴峰扁阔，先端稍尖 ……………………………………………………… 阔嘴鹬属 *Limicola*
嘴呈勺状 ……………………………………………………………… 勺嘴鹬属 *Euryrnorhynchus*
8. 胫全被羽 ……………………………………………………………… 丘鹬属 *Scolopax*
胫部不全被羽 ……………………………………………………………… 沙锥属 *Capella*

杓鹬属　*Nunenius*

1. 跗跖后缘被以网状鳞；翅长于 200 毫米；嘴长于跗跖 ………………………………… 2
跗跖后缘被以盾状鳞；翅短于 200 毫米；嘴不长于跗跖 ……… 小杓鹬 *N. borealis*
2. 头顶黑褐色，中央贯以淡色的纵带 ……………………………… 中杓鹬 *N. phaeopus*
头顶羽一律暗色，羽缘稍淡 ………………………………………………………………… 3
3. 下背和腰褐色 ……………………………………………… 大杓鹬 *N. madagascaricensis*
下背和腰白色 ……………………………………………………………… 白腰杓鹬 *N. arquata*

塍鹬属　*Limosa*

尾灰而具白色横斑；腋羽白，而杂以褐色横斑 ……………… 斑尾塍鹬 *L. lapponica*
尾不具横斑，基部白，端部黑；腋羽纯白 ………………………… 黑尾塍鹬 *L. limosa*

鹬属　*Tringa*

1. 下背、腰和尾上覆羽不呈白色；这些部位和上背同色 ………………………………… 2
下背、腰和尾上覆羽呈白色（或并非全呈白色）；这些部位（或它们的一部）和上背羽色显然有别 ………………………………………………………………………………… 3
2. 翅长 120 毫米；尾几呈圆尾状；腋羽色灰………………………… 灰鹬 *T. incana*
翅短于 110 毫米；尾多少呈楔形；腋羽白色 ……………………… 矶鹬 *T. Hypoleucos*
3. 下背暗色，与上背相同 ………………………………………………………………………… 4
下背白色，上背暗色 ………………………………………………………………………… 5
4. 第 1 枚飞羽的羽干暗色；腋羽和翼下覆羽具有狭形白色和更阔的暗栗色带斑 ……………………………………………………………………………… 白腰草鹬 *T. ochropus*
第 1 枚飞羽的羽干白色；腋羽白色，而具褐色横斑……………… 林鹬 *T. Glareola*
5. 初级飞羽和不被覆羽掩盖的部分均散有白色，内侧初级飞羽也有白色；嘴形直；脚红色、橙黄色或黑色 ………………………………………………………………………… 6
次级飞羽和内侧初级飞羽也许仅于翈的基部具有白色；嘴形向上曲；脚黄绿色、橄榄绿色或近灰色，剥制的标本更呈暗色 ………………………………………………… 7
6. 次级飞羽具有白色和褐灰色横斑，并无纯白羽毛；一般羽色暗 …… 鹤鹬 *T. erythropus*

次级飞羽中有若干纯白羽毛（不被覆羽掩盖的部分）；一般羽色较淡 ………………………… 红脚鹬 T. totanus

7. 翼短于 150 毫米 ………………………… 泽鹬 *T. stagnatillis*
   翼长于 150 毫米 ………………………… 8
8. 尾具横斑；大多数尾羽（除外侧尾羽意外）均白色，而具暗色横斑；腋羽具暗色星斑 ………………………… 青脚鹬 *T. nebularia*
   尾几乎纯呈淡灰色，尾羽轴白色，而具灰色近缘花纹；腋羽纯白 ………………………… 小青脚鹬 *T. Guttifer*

滨鹬属　*Calidris*

1. 嘴向下曲 ………………………… 3
   嘴形直 ………………………… 3
2. 尾上覆羽大都白色 ………………………… 弯嘴滨鹬 *C. ferruginea*
   尾上覆羽黑褐色 ………………………… 黑腹滨鹬 *C. alpina*
3. 尾上覆羽大都白色 ………………………… 4
   尾上覆羽暗，或仅微杂以白色 ………………………… 5
4. 体形较大，翅超过 160 毫米；初级飞羽干白色 ………… 细嘴滨鹬 *C. tenuirostris.*
   体形较小，翅不及 160 毫米，初级飞羽干仅于中部呈白色，而向基部转为褐色 ………………………… 红腹滨鹬 *C. canutus*
5. 嘴在 23 毫米以上；翅超过 120 毫米 ………………………… 尖尾滨鹬 *C. acuminata*
   嘴不及 20 毫米；翅不及 120 毫米 ………………………… 6
6. 外侧尾羽纯白 ………………………… 青脚滨鹬 *C. temminckii*
7. 脚淡黄色；中趾（连爪）长达 22～25 毫米；第 1 枚初级飞羽的羽干白，其余飞羽干均褐 ………………………… 长趾滨鹬 *C. subminuta*
   脚黑褐色；中趾（连爪）长达 17～21 毫米；初级飞羽干多少均白 ………………………… 红胸滨鹬 *C. ruficollis*

沙锥属　*Capella*

1. 体形较大；翅超过 150 毫米；尾羽 18 枚 ………………………… 孤沙锥 *C. solitaria*
   体形较小；翅不及 150 毫米 ………………………… 2
2. 外侧尾羽宽度达 10～12 毫米；尾羽 14（或 12）枚 ……… 扇尾沙锥 *C. gallinago*
3. 尾羽 26（或 24）枚；外侧 6 对尾羽近端 1/3 处阔度仅 2～4 毫米 …… 针尾沙锥 *C. stenura*
   尾羽 20（或 18）枚；外侧 6 对尾羽近端 1/3 处阔达 7 毫米 …… 大沙锥 *C. megala*

鸻科　Charadriidae

1. 头后具反曲的长形羽冠 ………………………… 凤头麦鸡属 *Vanellus*
   头后不具反曲的羽冠 ………………………… 2
2. 眼前具肉垂 ………………………… 灰头麦鸡属 *Microsarcops*
   眼前不具肉垂 ………………………… 3
3. 脚无后趾 ………………………… 鸻属 *Charadrius*
   后趾存在 ………………………… 斑鸻属 *Squatarola*

鸻属 *Charadrius*

1. 下体大都黑色；背具金色斑 …… 金鸻 *C. dominicus*
   下体大都白色；背无金色斑 …… 2
2. 颈具白圈 …… 5
   颈无白圈 …… 3
3. 嘴较细，隆端不著 …… 红胸鸻 *C. asiaticus*
   嘴较粗，隆端甚著，约占嘴长之半 …… 4
4. 嘴短于中趾（不连爪） …… 蒙古沙鸻 *C. mongolus*
   嘴长于中趾（不连爪） …… 铁嘴沙鸻 *C. leschenaultii*
5. 胸具黑横带；眼睑和脚均黄 …… 6
   胸无黑横带；脚灰 …… 白领鸻 *C. alexandrinus*
6. 体形较小；翅长不及 125 毫米 …… 金眶鸻 *C. dubius*
   体形较大；翅长超过 125 毫米 …… 长嘴鸻 *C. hiaticula*

鸥形目　LARIFORMES

鸥科 Laridae

1. 嘴端呈钩状；尾羽等长 …… 鸥属 *Larus*
   嘴形直而尖；外侧尾羽较中央者为长 …… 2
2. 尾较短，不及翼长之半；趾间呈深凹状 …… 浮鸥属 *Chlidonias*
   尾较长，超过翼长之半；趾间不呈深凹状 …… 3
3. 嘴形适中，嘴全部稍曲 …… 凤头燕鸥属 *Thalasseus*
   嘴形细长而直 …… 燕鸥属 *Sterna*

鸥属 *Larus*

1. 背面暗灰色或近黑色 …… 灰背鸥 *L. schistisagus*
   背面呈别色 …… 2
2. 初级飞羽白色，或先白色而渲染褐色，但绝无黑色或呈明显的二色 …… 3
   初级飞羽有或多或少的黑色；若为暗灰色，则杂以白色，或呈明显的二色 …… 4
3. 初级飞羽的羽干淡褐色 …… 灰翅鸥
   初级飞羽的羽干呈近白或稻草色 …… 北极鸥
4. 头暗色、黑色或褐色（婚羽） …… 6
   头呈别色 …… 10
5. 头黑色 …… 6
   头褐色 …… 9
6. 体形大；翅长于 450 毫米；嘴先端处具有红斑和黑色带斑 …… 鱼鸥 *L. ichthyaetus*
   体形较小；翅短于 350 毫米；嘴无黑色带斑 …… 7
7. 翅短于 240 毫米 …… 小鸥 *L. minutus*
   翅长于 250 毫米 …… 8

8. 跗跖长于 45 毫米；嘴长于 30 毫米 …………………… 黑头鸥 *L. melanocephalus*
跗跖短于 45 毫米；嘴短于 30 毫米 …………………… 黑嘴鸥 *L. saundersi*
9. 第 1 枚初级飞羽暗褐色，而具一近端白斑 ……………… 棕头鸥 *L. brunnicephalus*
第 1 枚初级飞羽白色，而具黑色边缘和先端 ……………… 红嘴鸥 *L. ridibundus*
10. 尾具近端黑色带斑；初级飞羽近黑色，几无白色 ……… 黑尾鸥 *L. crassirostris*
尾纯白；初级飞羽黑著杂有白色 ……………………………… 11
11. 嘴呈二色，下嘴具红斑；翅长于 400 毫米 ……………… 银鸥 *L. argentatus*
嘴单色，无红斑；翅短于 400 毫米 …………………………… 海鸥 *L. canus*

浮鸥属 *Chlidonias*

1. 翼下覆羽灰色；喉具暗灰褐色斑 …………………………… 黑浮鸥 *C. nigra*
翼下覆羽白色；喉无斑 ……………………………………… 2
2. 翅长于 225 毫米；嘴长于 25 毫米 ………………………… 须浮鸥 *C. hybrida*
翅长于 225 毫米；嘴短于 25 毫米 ………………………… 白翅浮鸥 *C. leucoptera*

燕鸥属 *Sterna*

1. 翕暗褐色 ……………………………………………………… 2
翕灰色 ………………………………………………………… 3
2. 翅不及 265 毫米 …………………………………………… 褐翅燕鸥 *S. anaethetus*
翅超过 275 毫米 ……………………………………………… 乌燕鸥 *S. fuscata*
3. 头顶终年皆白 ………………………………………………… 黑枕燕鸥 *S. sumatrana*
头顶黑（繁殖期） ……………………………………………… 4
4. 翅不及 200 毫米 …………………………………………… 白额燕鸥 *S. albifrons*
翅超过 200 毫米 ……………………………………………… 5
5. 嘴橙黄色 ……………………………………………………… 黑腹燕鸥 *S. melanogaster*
嘴暗红色（或为黑色） ………………………………………… 6
6. 下体白或粉红色；外侧尾羽几纯白 ………………………… 粉红燕鸥 *S. dougallii*
下体淡灰或白色；外侧尾羽具暗灰色外翻 ………………… 普通燕鸥 *S. hirundo*

鸽形目 GOLUMBIFORMES

嘴基柔软；翅端不足尖形；后趾正常 ………………………… 鸠鸽科 Columbidae
嘴基非柔软；翅端尖形；后趾退化或缺如 …………………… 沙鸡科 Pteroclididae

鸠鸽科 Columbidao

1. 尾羽 14 枚，羽色大都具绿色 ……………………………… 绿鸠属 *Sphenurus*
尾羽 12 枚，羽色非绿色 ……………………………………
2. 体形大，翅长在 180 毫米以上 …………………………… 鸽属 *Columba*
体形小，翅长在 180 毫米以下 …………………………… 斑鸠属 *Streptopelia*

鸽属 *Columba*

1. 颈羽延呈尖长形 ……………………………………………… 斑点鸽 *C. hodgsonii*

颈羽不延呈尖长形 …………………………………………………………………… 2

2. 颈的两侧各具有白色和赭色斑；初级飞羽的内羽具白边，翼角关节上有白斑 ……………………………………………………………………………… 林鸽 *C. palumbus*

颈侧无白色或赭色斑；初级飞羽的内羽和翼角关节上均无白色 ……………… 3

3. 头近黑色，与颈部的白色分界明显；背、颈和喉均白…………… 雪鸽 *C. leuconota*

头灰蓝色，在颜色上与颈并无区分；背、颈和喉均灰蓝色 ………………… 4

4. 嘴黑色；两翅折合时有两道明显的黑色横带斑 ………………………………… 5

嘴淡色；两翅折合时有排列不完整的暗色斑点 ………………………………… 6

5. 尾具一道明显的宽阔白色横斑 ……………………………………… 岩鸽 *C. rupestris*

尾灰蓝色；不具白色横斑 ……………………………………………… 原鸽 *C. liuia*

6. 头的上面纯灰蓝色；腰灰蓝，与背同色或较淡 ……………………… 欧鸽 *C. oenas*

头的上面渲染粉红色；腰白色或淡灰蓝色，与背部颜色相反 …… 中亚鸽 *C. euersmanni*

斑鸠属 *Streptopelia*

1. 背、肩及翼上覆羽具有斑点 ……………………………………………………… 2

背、肩及翼上覆羽均无斑点 ……………………………………………………… 4

2. 后颈有黑领，各黑羽具有白点 ……………………………… 珠颈斑鸠 *S. chinensis*

后颈无黑领，颈的两侧各有一块黑羽 ………………………………………… 3

3. 颈侧黑羽的斑点淡色近白 ……………………………………… 欧斑鸠 *S. turtur*

颈侧黑羽的斑点暗色近灰……………………………………… 山斑鸠 *S. orientalis*

4. 翅不短于 165 毫米；后颈有黑领 …………………………… 灰斑鸠 *S. decaocto*

翅不长于 155 毫米；颈侧有黑色细斑 ……………………… 棕斑鸠 *S. senegalensis*

鹃形目 CUCULIFORMES

杜鹃科 Cuculidao

1. 跗跖前缘多少被羽………………………………………………… 杜鹃亚科 Cuculinae

跗跖裸出 …………………………………………………………………………… 2

2. 头羽正常；习性为树栖；卵产于他鸟巢中 ………………… 噪鹃亚科 Eudynaminae

头羽尖长；习性为地栖；卵不产于他鸟巢中 …………… 地鹃亚科 Phaenicopainae

杜鹃亚科 Cuculinae

1. 头具冠羽；跗跖仅上部被羽……………………………………… 凤头鹃属 *Clamator*

头无冠羽；跗跖全部前缘被羽 ………………………………………………… 2

2. 体羽黑色；尾呈方形或叉尾状 ………………………………… 乌鹃属 *Surniculus*

体羽非黑色；尾呈现圆形或凸尾状 …………………………………………… 3

3. 体羽一般有金属反光 …………………………………………… 金鹃属 *chalcites*

体羽一般无金属反光 …………………………………………… 杜鹃属 *Cuculus*

杜鹃属 *Cuculus*

1. 两翅折合时，次级飞羽仅及初级飞羽长度之半 ………………………………… 2

折翅时，次级飞羽达到初级飞羽长度 2/3 或还不止 …………………………… 5
2. 尾无近端黑斑 …………………………………………………………………… 3
尾具近端黑斑 ………………………………………… 四声杜鹃 *C. micropterus*
3. 翅长于 175 毫米 ………………………………………………………………… 4
翅短于 170 毫米 ……………………………………… 小杜鹃 *C. poliocephalus*
4. 翼缘白，而具褐色细横斑 ………………………………… 大杜鹃 *C. canorus*
翼缘纯白，无褐斑 ………………………………………… 中杜鹃 *C. saturatus*
5. 体形较大；翅超过 150 毫米 …………………………………………………… 6
体形较小；翅不及 130 毫米 ……………………………… 八声杜鹃 *C. merulinus*
6. 翅长超过 200 毫米；腹部具横斑 …………………… 鹰头杜鹃 *C. sparuerioides*
翅长不及 200 毫米；腹部无横斑 ………………………… 棕腹杜鹃 *C. furax*

鸮形目 STRIGIFORMES

鸱鸮科 Strigidae
1. 面盘和翎领不显著或缺如 ……………………………………………………… 2
面盘和翎领甚显著 ……………………………………………………………… 6
2. 耳羽发达 ………………………………………………………………………… 3
耳羽形小或付缺 ………………………………………………………………… 4
3. 体形大，翅长在 300 毫米以上 ……………………………………… 雕鸮属 *Bubo*
体形小，翅长在 250 毫米以下 ……………………………………… 角鸮属 *Otus*
4. 体羽大都白色或纯白 ……………………………………………… 雪鸮属 *Nyctea*
体羽大都褐色或红棕色 ………………………………………………………… 5
5. 背羽纯色 …………………………………………………………… 鹰鸮属 *Ninax*
背羽具白点 ………………………………………………………… 小鸮属 *Athene*
背羽具横斑 …………………………………………………… 鸺鹠属 *Glaucidium*
6. 耳羽发达；第 2 初级飞羽最长 ………………………………………… 耳鸮属 *Asio*
耳羽缺如；第 3、4 或第 5 初级飞羽最长 ………………………… 林鸮属 *Strix*

角鸮属 *Otus*
1. 第 1 枚初级飞羽短于第 8 枚 …………………………………………………… 2
第 1 枚初级飞羽长于第 8 枚 …………………………………………………… 3
2. 后颈有淡色领斑 ……………………………………… 领角鸮 *O. bakkamoena*
后颈无显著领斑 …………………………………… 黄嘴角鸮 *O. spilocephalus*
3. 跗跖下部裸出；第 1 枚飞羽短于第 7 枚，第 2 枚飞羽短于第 5 枚（有时等长）
………………………………………………………………… 红角鸮 *O. sunia*
跗跖下部被羽；第 1 枚飞羽长于第 7 枚，第 2 枚飞羽长于第 5 枚 …………… 4
4. 第 1 枚飞羽短于第 6 枚 ………………………………… 纵纹角鸮 *O. brucei*
第 1 枚飞羽长于第 6 枚 ………………………………… 欧角鸮 *O. scops*

鸺鹠属　*Glaucidium*

1. 具显著领斑；翅长不及 105 毫米……………………………… 领鸺鹠 *G. brodiei*
　无领斑 ……………………………………………………………………………… 2
2. 翅长超过 110 毫米 ………………………………………… 斑头鸺鹠 *G. cuculoides*
　翅长不及 110 毫米 ……………………………………… 花头鸺鹠 *G. passrerinuin*

耳鸮属　*Asio*

腹具横斑和纵斑 ……………………………………………………… 长耳鸮 *A. otus*
腹无横斑 ………………………………………………………… 短耳鸮 *A. flammeus*

夜鹰目　CAPRIMULGIFORMES

夜鹰科　Caprimulgidae

1. 四对外侧尾羽具近端白斑 ………………………… 普通夜鹰 *Caprimulgus indicus*
　二对外侧尾羽具白色端斑 ……………………………………………………………… 2
2. 跗跖 3/4 被羽；外侧三枚飞羽具白斑 ……………………… 欧夜鹰 *C. europaeus*
　跗跖完全被羽；外侧四枚飞羽均具白斑 ………………… 长尾夜鹰 *C. macrurus*

雨燕目　APODIFORMES

雨燕科　Apodidae

1. 跗跖被羽 ………………………………………………………………………………… 2
　跗跖裸出或几乎全裸 ………………………………………………………………… 5
2. 趾全向前 ………………………………………………………………………………… 3
　四趾向前分二对 …………………………………………………… 棕雨燕属 *Cypsiurus*
3. 腰无白色 ……………………………………………………………… 楼燕 *Apus apus*
　腰具白色 ………………………………………………………………………………… 4
4. 尾呈深叉状……………………………………………………… 白腰雨燕 *A. pacificus*
　尾呈平尾状……………………………………………………… 小白腰雨燕 *A. affinis*
5. 尾羽的羽干向后裸出呈刺状 ……………………………… 针尾雨燕属 *Hirundapus*
　尾羽的羽干不向后裸出 ………………………………………… 金丝燕属 *Collocalia*

佛法僧目　CORACIIFORMES

翠鸟科　Alcedinidae

1. 羽衣黑白色相杂 ………………………………………………………… 鱼狗属 *Ceryle*
　羽衣非黑或白 …………………………………………………………………………… 2
2. 尾较嘴长；翅形圆 ………………………………………………… 翡翠属 *Halcyon*
　尾较嘴短；翅表尖长 ……………………………………………………… 翠鸟属 *Alcedc*

翡翠属 *Halcyon*

1. 头顶黑色 …………………………………… 蓝翡翠 *H. pilleata*
   头项绿色 …………………………………… 白领翡翠 *H. chloris*
   头顶赤栗色 …………………………………… 2
2. 胸白 …………………………………… 白胸翡翠 *H. smyrnensis*
   胸红 …………………………………… 赤胸翡翠 *H. coromanda*

蜂虎科 Meropidao

喉黄色 …………………………………… 黄喉蜂虎 *M. apiaster*
喉栗色 …………………………………… 栗喉蜂虎 *M. philippinus*
喉绿色 …………………………………… 绿喉蜂虎 *M. orientais*
喉蓝色 …………………………………… 栗头蜂虎 *M. viridis*

佛法僧科 Coraciidae

1. 嘴长，强而直 …………………………………… 3
   嘴短，嘴基阔 …………………………………… 三宝鸟 *Eurystomus orientalis*
2. 胸呈蓝色 …………………………………… 蓝胸佛法僧 *Coracias garrulus*
   胸呈棕色 …………………………………… 棕胸佛法僧 *C. benghalensis*

鴷形目 PICIFORMES

啄木鸟科 Picidae

1. 尾羽的羽干强硬 …………………………………… 啄木鸟亚科 Pieinae
   尾羽的羽干柔软 …………………………………… 2
2. 尾不及翅长的 3/5；鼻孔被羽 …………………………………… 姬啄木亚科 Picumninae
   尾超过翅长 3/4；鼻孔被膜 …………………………………… 蚁鴷亚科 Jynginae

姬啄木亚科 Picumninae

趾四；眼周被羽 …………………………………… 姬啄木鸟 *Picumnus innominatus*
趾仅三个；眼周裸出 …………………………………… 棕啄木鸟 *Sasia ochracea*

啄木鸟亚科 Picinae

1. 鼻孔被羽掩盖 …………………………………… 2
   鼻孔裸露 …………………………………… 5
2. 仅具三趾 …………………………………… 3
   四趾 …………………………………… 4
3. 背面呈黑白色；头有黄羽 …………………………………… 三趾啄木鸟 *Picoides*
   背面呈暗棕色或绿色；头无黄羽 …………………………………… 竹啄木属 *Gecinulus*
4. 背羽纯黑 …………………………………… 黑啄木属 *Dryccopus*
   背羽大都绿色或纯绿色 …………………………………… 绿啄木属 *Picus*
   背羽呈黑白色 …………………………………… 啄木属 *Dendrocopos*
5. 背羽栗红色，多少具斑 …………………………………… 6

　背羽金橄榄色或赤红色，无斑 …………………………………………………… 7
6. 嘴直，嘴端呈截状 ………………………………………… 噪啄木属 *Blythipicus*
　嘴稍曲，嘴端尖形 ……………………………………… 栗啄木属 *Micropternus*
7. 四趾 ……………………………………………… 金背啄木属 *Chrysocolaptes*
　三趾 ……………………………………………… 金背三趾啄木属 *Dinopium*

绿啄木鸟属　*Picus*

1. 枕部具黄色羽冠 ……………………………………………………………… 2
　枕部黑，无羽冠；下体几纯色 …………………………… 黑枕绿啄木鸟 *P. Canus*
2. 体形较小，翅长在 150 毫米以下；腹具褐斑 ……… 黄冠绿啄木鸟 *P. chlorlophus*
　体形较大，翅长在 160 毫米以上；腹无褐斑 ……… 大黄冠绿啄木鸟 *P. flavinucha*

斑啄木鸟属　*Dendrocopos*

1. 体积较小，翅短于 110 毫米 …………………………………………………… 2
　体积较大，翅长于 110 毫米 …………………………………………………… 3
2. 翅长于 95 毫米；背的中部无横斑 ………………… 星头啄木鸟 *D. caniccapillus*
　翅短于 95 毫米；背的中部有整齐的黑色和白色横斑 …… 小星头啄木鸟 *D. kizuki*
3. 下体有条纹 ……………………………………………………………………… 4
　下体无条纹 ……………………………………………………………………… 6
4. 腹部沾红色，无黄色 ……………………………………… 白背啄木鸟 *D. leucotos*
　腹部沾棕黄色 …………………………………………………………………… 5
5. 体形较大，翅超过 120 毫米；胸无赤色块斑 ……… 黄颈啄木鸟 *D. darjellensis*
　体形较小，翅不及 120 毫米；胸具赤色块斑 ……… 赤胸啄木鸟 *D. cathapharius*
6. 腹部棕色 ………………………………………… 棕腹啄木鸟 *D. hyperyhthrus*
　腹部白色或棕白色 ……………………………………………………………… 7
7. 次级飞羽上的白斑甚大，伸达羽干，并于羽绿处彼此多少互相拼合；腹部纯白
　………………………………………………………… 白翅啄木鸟 *D. leucopterus*
　次级飞羽上的白斑较小，仅位于羽缘；腹部棕白，以至砂褐色 … 斑啄木鸟 D. major

雀形目　PASSERIFORMES

1. 嘴形宽阔而粗厚；向前三趾基部并连；跗跖大部由单列大形的卷状鳞所包被
　………………………………………………………………… 阔嘴鸟科 Eurylaimidae
　嘴形不呈上列特征；跗跖不由单列大形的卷状鳞所包被 ……………………… 2
2. 跗跖后缘钝，具盾状鳞 ………………………………………… 百灵科 Alaudidae
　跗跖后缘呈棱状，不具盾状鳞 ………………………………………………… 3
3. 翼形圆；最外侧初级飞羽较最长短得更明显 …………………………………… 4
　翼呈尖形或方形；最外侧初级飞羽与最长者等长或较之更长（或则最外侧
　初级飞羽特小，而其内侧飞羽与最长者等长，或较之更长） ………………… 25
4. 颏角位置超越鼻孔前缘 ………………………………………………………… 5

颏角位置不超越鼻孔前缘 …………………………………………………………………… 8
5. 嘴形粗长；鼻孔（除秃鼻乌鸦的成鸟外）完全被羽掩盖 …………… 鸦科 Corvidae
不呈上列特征 ……………………………………………………………………………… 6
6. 鼻孔露出 ………………………………………………………………………………… 7
鼻孔多少为羽或须所遮盖 ………………………… 卷尾科 *Dicruridae*（部分）
7. 第 1 枚初级飞羽长达第 2 枚的一半，或尚不止；嘴须存在 ……… 黄鹂科 Oriolidae
第 1 枚初级飞羽较短于第 2 枚的一半；嘴须通常缺如 …… 椋鸟科 Sturnidae（部分）
8. 足攀型；后趾（连爪）与中趾（连爪）等长，或较之更长；嘴常不具缺刻 …… 9
足非攀型；后趾（连爪）较中趾（连爪）为短；嘴常具缺刻 ……………………… 10
9. 嘴形直或向下；无嘴须；鼻孔具盖膜；尾羽通常变硬 ……… 旋木雀科 Certhiidae
嘴形直；嘴须存在；鼻孔通常为羽或须所遮盖；尾短而较软 ……… 鳾科 Sittidae
10. 腰羽的羽干硬化 ………………………………………… 山椒鸟科 Campephagidae
腰羽的羽干不硬 …………………………………………………………………… 11
11. 跗跖被以靴状鳞（除极少数例外）；尾若形短，仍然外显 ………………………… 12
跗跖前缘呈盾状鳞；若呈靴状，尾则不外显 ………………………………………… 16
12. 嘴常下曲；嘴须通常发达；颈项常具织细发状羽；跗跖短…… 鹎科 Pycnonotidae
嘴形稍直；嘴须存否不定；颈项不具织细发状羽；跗跖正常 ………………… 13
13. 嘴形较粗；最外侧初级飞羽达其内侧羽的 4/5 长度 …………… 八色鸫科 Pittidae
嘴似鸫状或较细；最外侧初级飞羽较短，不及其内侧者 4/5 的长度 ………… 14
14. 口角具绒绢状短羽，无嘴须；尾甚短；体羽呈纯褐或灰褐色 … 河乌科 Cinclidae
口角具绒绢状短羽；尾较长 ……………………………………………………… 15
15. 嘴细长而侧扁，缺刻不著；翅长而平 ……………………… 鸫亚科 Turdinae
嘴形较细，缺刻不著，翅短而呈凹状 ………………… 莺亚科 Sylviinae（部分）
16. 体羽软松似绒；嘴不具钩或缺刻；鼻孔完全为羽或须所遮盖 ………………… 17
体羽正常；嘴与鼻孔不具上列特征 ………………………………………………… 19
17. 嘴短厚而弯曲，其在鼻孔外的高度超过其阔度；第 1 枚初级飞羽超过第 2 枚长度的一半 ………………………………………… 画眉亚科 Timaliinae（鸦雀属）
嘴短，稍呈现锥状，其在鼻孔外的高度不超过其阔度；第 1 枚初级飞羽不及第 2 枚长度的一半 …………………………………………………………………… 18
18. 巢呈杯状，营于树洞或岩隙间 …………………………………… 山雀科 Paridae
巢呈囊状，悬于枝端 ……………………………………………… 攀雀科 Remizidae
19. 嘴强厚，具钩与缺刻 ……………………………………………… 伯劳科 Laniidae
嘴不具上列特征 …………………………………………………………………… 20
20. 缘具锯齿；体羽有金属辉亮 ……………………………… 太阳鸟科 Nectariniidae
缘不具锯齿 ………………………………………………………………………… 21
21. 嘴较长于跗跖；嘴须发达；尾呈叉尾状 ……………… 卷尾科 Dieruridae（部分）
嘴较短于跗跖；嘴须或存或缺；尾不呈叉尾状 ………………………………… 22
22. 嘴形呈平扁；翅大都较长 ………………………………………………………… 23

嘴不平扁，基部也不宽阔，常向下曲；翅短圆而稍凹 …………………………… 24

23. 嘴具缺刻，基部宽阔；嘴须强；羽色常具辉斑 …………… 鸡亚科 Musciicapinae

嘴形细尖，基部不宽阔，时或微具缺刻；嘴须弱；体羽呈纯色 ………………………………………………………………………………… 莺亚科 Sylviinae（部分）

24. 嘴须存在 ……………………………………………… 画眉亚科 Timaliinae（部分）

嘴须缺如 ……………………………………………… 鷦鷯科 Trolodytidea（部分）

25. 第1枚初级飞羽最长（最外侧的退化飞羽除外），其内侧数羽突形短缩，因呈尖形翼端 ……………………………………………………………………………… 26

第1枚初级飞羽（最外侧的退化飞羽除外）与其内侧二、三相等长，因呈方形翼端 …………………………………………………………………………………… 28

26. 嘴短阔而不平扁；嘴脚均弱 ………………………………… 燕科 Hirundinidae

嘴强，形阔大而不平扁；脚正常 ………………………………………………… 27

27. 翅长达于尾部之后；羽色幽暗；头无羽冠 ………………………… 燕鵙科 Artamidae

翅长不达于尾部之后；翼与尾均具辉斑；头具羽冠 …… 太平鸟科 Bombyeillidae

28. 内侧次级飞羽与初级几相等长；后爪通常特长 ………………… 鹡科 Motacillidae

内侧次级飞羽较初级飞羽短甚 …………………………………………………… 29

29. 嘴细锥状；鼻孔形大，并完全被以盖膜 …………………… 岩鸡科 Prunellidae

不具上列特征 ……………………………………………………………………… 30

30. 嘴缘具细形锯齿 ………………………………………………… 啄木鸟科 Dicaeidae

嘴缘不具锯齿 ……………………………………………………………………… 31

31. 嘴细而向下曲 ……………………………………………………………………… 32

嘴粗厚，或呈圆锥状 ……………………………………………………………… 34

32. 最外侧的退化初级飞羽稍大，而具圆端 ………………………………………… 33

最外侧的退化初级飞羽形小而锐尖，呈镰刀状 …………… 绣眼鸟科 Zosteropidae

33. 嘴不呈扁平状；最外侧退化初级飞羽不及其内侧长度之半 …… 椋鸟科 Sturnidae（部分）

嘴呈扁平状；最外侧退化初级飞羽长大其内侧飞羽一半 … 鸡亚科 Muscicapinae（部分）

34. 鼻孔位近嘴缘；脚形粗大 ………………………………… 椋鸟科 Sturnidae（部分）

鼻孔位近嘴峰，或居嘴峰与嘴缘之间；脚形居中 ………………………………… 35

35. 最外侧初级飞羽通常长达最内侧者三分之一；中央尾羽常特延长；巢呈曲瓶状，多营造在闲置的房舍及破窖里 ………………………………… 文鸟科 Ploceidae

最外侧初级飞羽极小或缺如；中央尾羽不延长；巢简单，且无盖…… 雀科 Fringillidae

八色鸫科　Pittidae

1. 枕侧有羽突 ………………………………………… 双辫八色鸫 *Anthrocinala phayrei*

枕侧无羽突 …………………………………………………………………………… 2

2. 下体纯暗黄以至棕黄色 ………………………………………………………… 3

下体具鲜红色斑 ……………………………………………………………………… 5

3. 后颈蓝色 ……………………………………………………………………………… 4

后颈黄褐色 ……………………………………………………… 栗头八色鸫 *P. oatesi*

4. 腹部纯褐色 ………………………………………………… 蓝枕八色鸫 *P. nipalensis*
   腹部中央白色 ……………………………………………… 蓝背八色鸫 *P. soror*
5. 胸和腹近黄 ………………………………………………… 蓝翅八色鸫 *P. brachyura*
   胸和腹绿色 ………………………………………………… 绿胸八色鸫 *P. sordida*

百灵科 Alaudidae

1. 初级飞羽 9 枚，其第一枚飞羽几乎达到翼端 ……………………………… 2
   初级飞羽 10 枚，其第一枚很短小 ……………………………………… 3
2. 头顶两侧各具一簇突出的羽毛 ……………………………… 角百灵属 *Eremophila*
   头顶两侧无突出羽……………………………………………… 沙百灵属 *Calandrella*
3. 第 1 枚初级飞羽较长于初级覆羽 ……………………………… 歌百灵属 *Mirafra*
   第 1 枚初级飞羽不长于初级覆羽 ……………………………………… 4
4. 羽冠由头顶中央少数长羽所组成 ……………………………… 凤头百灵属 *Galerida*
   羽冠形短或缺如 ……………………………………………………… 5
5. 翼长，几乎达到尾端 ……………………………………… 百灵属 *Melanocorypha*
   翼短，不达于尾端 …………………………………………… 云雀属 *Alauda*

云雀属 *Alauda*

体形较大：雄鸟翅长为 110～124 毫米，平均长于 100 毫米；第 5 枚初级飞羽距翼端达 4～5 毫米；嘴较短，为 11～12 毫米 ……………………………… 云雀 *A. aruensis*
体形较小：雄鸟翅长为 89～103 毫米，平均短于 100 毫米；第 5 枚初级飞羽距翼端短于 4 毫米；嘴较长，为 13.6～15 毫米 ……………………………… 小云雀 *A. gulgula*

燕科 Hirundinidae

1. 跗跖与趾均被羽 …………………………………………… 毛脚燕属 *Delichon*
   跗跖与趾裸出，或仅具一羽簇 ……………………………………… 2
2. 背羽褐色而无辉亮 ………………………………………………… 3
   背羽大都辉蓝黑色 …………………………………………… 燕属 *Hirundo*
3. 尾羽无白斑 ………………………………………………… 沙燕属 *Riparia*
   尾羽有白斑 ………………………………………………… 岩燕属 *Ptyonprogne*

燕属 *Hirundo*

1. 腰蓝黑色；下体无条纹 ……………………………………… 家燕 *H. rustica*
   腰呈栗色；下体有条纹 ……………………………………………… 2
2. 腰羽具羽干纹；下体几乎为白色，具粗纹……………………… 斑腰燕 *H. striolata*
   腰羽的羽干纹不著或缺如；下体沾棕，具细纹 ………………… 金腰燕 *H. daurica*

沙燕属 *Riparia*

   跗跖有一束织羽；喉白 ……………………………………… 灰沙燕 *R. riparia*
   跗跖完全裸出；喉淡棕色 …………………………………… 棕喉沙燕 *R. paludicola*

鹡鸰科 Motacillidae

1. 背羽具纵纹 ………………………………………………… 鹨属 *Anthus*
   背羽无纵纹 ………………………………………………………… 2

2. 尾呈圆尾状；中央尾羽较外侧尾羽为长……………………………… 鹡鸰属 *Motacilla*

尾呈凹尾状；中央羽较外侧尾羽为短 …………………… 山鹡鸰属 *Dendronanthus*

鹨属　*Anthus*

1. 尾羽的先端尖形 ……………………………………………………… 山鹨 *A. sylvanus*

尾羽的先端圆形 ………………………………………………………………… 2

2. 后爪长度不超过后趾 …………………………………………………………… 3

后爪长度超过后趾 ……………………………………………………………… 4

3. 背羽褐色，纵纹粗著 ……………………………………………… 林鹨 *A. trivalis*

背羽近绿，纵纹细而不著……………………………………………… 树鹨 *A. hodgsoni*

4. 体侧儿纯色，纵纹不显著或缺如 ………………………………………………… 5

体侧具粗形暗色纵纹 …………………………………………………………… 7

5. 下体一般为沙黄色 ……………………………………………………………… 6

下体一般为淡葡萄红色 ……………………………………………… 水鹨 *A. spinoletta*

6. 胸无斑纹；跗跖 25～27 毫米 ……………………………………… 平原鹨 *A. campestris*

胸具斑点或条纹；跗跖较长，达 29～33 毫米 …………………… 田鹨 *A. richardi*

7. 背羽具白缘 ……………………………………………………… 北鹨 *A. gustavi*

背羽无白缘 ……………………………………………………………………… 8

8. 腋羽黄色……………………………………………………… 粉红胸鹨 *A. rosetus*

腋羽褐色或近白 ……………………………………………… 红喉鹨 *A. cervinus*

鹡鸰属　*Motacilla*

1. 后爪稍曲，较后趾甚长 ………………………………………………………… 2

后爪甚曲，较后趾短 ……………………………………………………………… 3

2. 额和眉纹均黄色 ……………………………………………… 黄头鹡鸰 *M. citreola*

额和眉纹并不同时为黄色 ……………………………………………… 黄鹡鸰 *M. flava*

3. 下体大都黄色 ……………………………………………………… 灰鹡鸰 *M. cinerea*

下体大都白色或灰白色 ………………………………………………… 白鹡鸰 *M. albu*

山椒鸟科　Campephagidae

1. 嘴形宽而平扁……………………………………………………… 鹃鵙属 *Hemipus*

嘴形狭而侧扁 …………………………………………………………………… 2

2. 尾呈平尾状……………………………………………………… 林鵙属 *Tephrodornis*

尾呈凸尾状 ……………………………………………………………………… 3

3. 尾甚长，呈深凸状；最外侧尾羽不及尾长之半 ……………… 山椒鸟属 *Pericrocotus*

尾不甚长，呈浅凸状；最外侧尾羽超过尾长之 3/4 ……………… 鹃鵙属 *Coracina*

山椒鸟属　*Pericrocotus*

1. 尾呈黑和红色；尾上覆羽红色 ………………………………………………… 2

尾呈黑和黄色；尾上覆羽黄色 …………………………………………………… 5

尾呈黑和白色；尾上覆羽灰、褐或黑色 ………………………………………… 9

2. 喉黑色 ……………………………………………………………………………… 3

喉灰和灰白色 …………………………………………………………… 4

3. 内侧次级飞羽具椭圆形红斑 …………………………… 赤红山椒鸟 *P. flammeus*

内侧次级飞羽具有红色羽缘 …………………………… 长尾山椒鸟 *P. ethologus*

内侧次级飞羽无红色羽缘和椭圆形红斑 ……………… 短嘴山椒鸟 *P. brevirostris*

4. 腹深红色 ……………………………………………… 灰喉山椒鸟 *P. solaris*

腹粉红色 …………………………………………… 粉红山椒鸟 *P. roseus roseus*

5. 内侧次级飞羽具椭圆形黄斑 ……………………………………… 赤红山椒鸟

内侧次级飞羽无椭圆形黄斑 ………………………………………………… 6

6. 上背与下背同色 ………………………………………………… 粉红山椒鸟

上背与下背非同色 ………………………………………………………… 7

7. 额、颊和耳羽等均沾黄色 ……………………………………… 短嘴山椒鸟

额、颊和耳羽等均灰色 ……………………………………………………… 8

8. 喉灰白色；下背和腰较黄 ……………………………………… 长尾山椒鸟

喉灰色；下背和腰淡黄色 ……………………………………… 灰喉山椒鸟

9. 体形较大；背和腰同色 ……………………………… 灰山椒鸟 *P. divaricatus*

体形较小；腰较背淡 ………………………… 小灰山椒鸟 *P. roseus cantonensis*

鹎科 Pycnonotidao

1. 枕部毛状羽形长而数多；体羽一般为橄榄黄色 ……………… 冠鹎属 *Criniger*

枕部毛状羽形短而数少 …………………………………………………… 2

2. 鼻孔裸出；嘴长适中 ……………………………………………………… 3

鼻孔几为密羽所掩盖；嘴形特短厚 …………………… 鹦嘴鹎属 *Spizixos*

3. 羽冠不著或缺如；跗跖长于嘴峰；尾呈圆形、方形或凸形，但不为叉状

…………………………………………………………… 鹎属 *Pycnonotus*

羽冠显著；跗跖短于嘴峰；尾呈圆形、方形或叉状 ………… 短脚鹎属 *Microscelis*

短脚鹎属 *Microscelis*

1. 头顶羽毛正常；体羽为纯橄榄绿，褐或黄色 ………… 橄榄绿短脚鹎 *M. charlottae*

头顶羽毛延长并呈尖形；体羽不为纯橄榄、褐或黄色 ………………………… 2

2. 尾呈叉状 ………………………………………………………………… 3

尾呈方形 ………………………………………………………………… 4

3. 嘴呈红或黄色 ……………………………… 黑短脚鹎 *M. leucocephalus*

嘴呈深褐或黑色 ……………………………… 栗耳短脚鹎 *M. amaurotis*

4. 尾暗褐色；翅上覆羽和飞羽具鲜黄色羽缘 ……………… 栗背短脚鹎 *M. flavalus*

尾绿色；翅上覆羽和飞羽无鲜黄色羽缘 ……………… 绿翅短脚鹎 *M. virescens*

鹎属 *Pycnonotus*

1. 跗跖具盾状鳞 ……………………………………………… 纵纹绿鹎 *P. striatus*

跗跖无盾状鳞 ………………………………………………………………… 2

2. 尾下覆羽赤红色 …………………………………………………………… 3

尾下覆羽黄或橙黄色 ……………………………………………………… 5

尾下覆羽白色沾黄 ………………………………………………………… 8

3. 耳部具红色羽簇 …………………………………………… 红耳鹎 *P. jocosus*

耳部无红色羽簇 ………………………………………………………… 4

4. 耳羽呈褐以至黑色；喉和胸均黑 ………………… 黑喉红臀鹎 *P. cafer*

耳羽近白；喉和胸均白 ………………………………… 白喉红臀鹎 *P. aurgaler*

5. 颈和喉具黑色 …………………………………………… 黑斑黄鹎 *P. dispar*

颈和喉无黑色 …………………………………………………………… 6

6. 头顶黑色 …………………………………………………… 黄臀鹎 *P. xanthorhous*

头顶无黑色 ……………………………………………………………… 7

7. 喉纯褐色或白色；眼先具一污白色纵纹 ………… 圆尾绿鹎 *P. flivescens*

喉具鲜黄纵纹；眼先上方具一橙黄色纵纹 ………… 纹喉鹎 *P. finlaysoni*

8. 下嘴基部具一小形红斑 ……………………………… 台湾鹎 *P. taivanus*

下嘴基部无红斑 ………………………………………… 白头鹎 *P. sinensis*

太平鸟科　Bombycillidae

1. 尾羽具黄端 ……………………………………… 太平鸟 *Bombycilla garrulus*

尾羽具红端 ……………………………………………… 小太平鸟 *B. japonica*

2. 尾上覆羽与中央尾羽异色 ……………………………………………… 2

尾上覆羽与中央尾羽同色 ……………………………………………… 5

3. 尾上覆羽灰色 …………………………………………………………… 3

尾上覆羽栗色 …………………………………… 栗背伯劳 *Lanius collurioides*

尾上覆羽棕色 …………………………………………… 棕背伯劳 *L. schach*

4. 尾长，超过 130 毫米 …………………………… 长尾灰伯劳 *L. sphenocercus*

尾短，不及 125 毫米 ……………………………………………………… 4

5. 翅长超过 100 毫米 ……………………………………… 灰伯劳 *L. excubitor*

翅长不及 90 毫米 ……………………………………… 牛头伯劳 *L. bucephalus*

6. 背呈栗色，并具黑色横斑 ………………………………… 虎伯劳 *L. tigrinus*

背无黑色横斑 …………………………………………………………… 6

7. 头顶灰色 ………………………………… 灰顶伯劳 *L. critatus lucionensis*

头顶几乎与背同色 ……………………………………………………… 7

8. 眉纹与前额均白色，甚形显著 ……………… 白眉伯劳 *L. c. superciliosus*

眉纹与前额均白色，但不显著 ……………………… 红尾伯劳 *L. c. criststus*

无眉纹；若存在时，呈淡黄色 ……………………… 淡褐伯劳 *L. c. isabellinus*

黄鹂科　Oriolidae

1. 体羽主要为黄和黑色 …………………………………………………… 2

体羽主要为红和黑色 ………………………………… 栗色黄鹂 *Oriolus traillis*

体羽除尾为红色外，为白和黑色 ………………………… 鹊色黄鹂 *O. mellianus*

2. 头顶黄或绿黄；枕黑色 ………………………………………………… 3

头顶和枕均黄或绿黄色 ………………………………………… 金黄鹂 *O. oriolus*

头顶和枕均黑 ………………………………………………………… 黑头黄鹂 *O. xanthornus*

3. 枕部黑带较宽；嘴较粗短 …………………………………………… 黑枕黄鹂 *O. chinensis*

枕部黑带较窄；嘴较细长 ……………………………………………… 细嘴黄鹂 *O. tenuirostris*

卷尾科 Dicruridae

1. 外侧尾羽不甚延长；羽干不裸出 …………………………………………………………… 2

外侧尾羽甚形延长；羽干部分裸出 ………………………………………………………… 6

2. 额具发冠………………………………………………………………… 发冠卷尾 *D. hottentottus*

额无发冠 ……………………………………………………………………………………… 3

3. 嘴平扁，其宽度在鼻孔处较厚度为大 ……………………………… 古铜色卷尾 *D. aeneus*

嘴侧扁，其宽度在鼻孔处与厚度相同 ……………………………………………………… 4

4. 上体深灰黑色 ………………………………………………………………………………… 5

上体灰色 ………………………………………………………………… 赤卷尾 *D. leucophaeus*

5. 最外侧一对尾羽仅稍卷曲；其与中央一对尾羽的相距，超过跗跖长度的二倍 ……………………………………………………………………… 黑卷尾 *D. macrocercus*

最外侧一对尾羽甚形卷曲；其与中央一对尾羽的相距，约有跗跖的长度 ……………………………………………………………………… 鸦嘴卷尾 *D. annectans*

6. 最外侧尾羽末端的内外翈彼此相称 ……………………………………… 小盘尾 *D. remifer*

最外侧尾羽末端的外翈较内翈显著更大 ……………………………… 大盘尾 *D. paradiseus*

椋鸟科 Sturnidae

1. 翅呈尖形，次级飞羽与翼端的距离超过跗跖的长度 ……………………………………… 2

翅呈圆形，次级飞羽与翼端的距离不及跗跖的长度 ……………………………………… 8

2. 羽冠甚著，较跗跖为长 ………………………………………… 粉红椋鸟 *Sturnus roseus*

羽冠适中，不及跗跖的长度 ………………………………………………………………… 3

3. 嘴形较粗，与头等长 ………………………………………………………………………… 4

嘴形较细，较头为短 ………………………………………………………………………… 5

4. 头为丝光的白色；背淡灰色 …………………………………………… 丝光椋鸟 *S. sericeus*

头与背均黑而具紫或绿的金属反光 ………………………………… 紫翅椋鸟 *S. vulgaris*

头顶灰黑色；背褐灰色 …………………………………………………… 灰椋鸟 *S. cineraceus*

5. 尾呈楔尾状 …………………………………………………………………………………… 6

尾呈叉尾状 …………………………………………………………………………………… 7

6. 内侧覆羽白，与背羽异色 ……………………………………………… 灰背椋鸟 *S. sinensis*

内侧覆羽与背羽同色 ………………………………………………… 灰头椋鸟 *S. malabaricus*

7. 肩羽紫色，而具棕端；颊灰色 ……………………………………………… 北椋鸟 *S. sturninus*

肩羽纯色，无棕端；颊赤色 ……………………………………… 紫背椋鸟 *S. philippensis*

8. 头侧局部裸出 ………………………………………………………………………………… 9

头侧无裸出部 ………………………………………………………………………………… 10

9. 额羽短而向后倾；头白而颈黑 ………………………………………… 黑领椋鸟 *S. nigricollis*

额羽延长而竖立；头与颈均灰黑色 ……………………………… 家八哥 *Acridotheres tristis*

10. 颈有白圈 ………………………………………………… 白领八哥 *A. albocinctus*
　颈无白圈 ……………………………………………………………………… 11
11. 鼻上羽帻较短；尾下覆羽黑而具白端 ………………… 普通八哥 *A. cristatellus*
　鼻上羽帻较长；尾下覆羽白而具黑色 ……………… 林八哥 A.（Fuscus）*grandis*

鸦科　Corvidae

1. 鼻孔距前额约为嘴长的 1/3；鼻须硬直，达至嘴的中部 …………………… 2
　鼻孔距前额不及嘴长的 1/4；鼻须短，不达嘴的中部 …………………… 3
2. 尾远较翅为短 …………………………………………………… 鸦属 *Corvus*
　尾远较翅为长 …………………………………………………… 鹊属 *Pica*
3. 尾凸甚著，外侧尾羽不及尾长之半 ………………………………………… 4
　尾凸不著，外侧尾羽超过尾长之半 ………………………………………… 6
4. 嘴为红或黄色 ………………………………………………… 蓝鹊属 *Kitla*
　嘴为黑色 ……………………………………………………………………… 5
5. 体羽主要为蓝灰色 …………………………………………… 灰喜鹊属 *Cyanopica*
　体羽主要为棕褐色或暗褐色 ……………………………………… 树鹊属 *Crypsirina*
6. 嘴为红或黄色 ………………………………………………… 山鸦属 *Coracia*
　嘴为暗灰色 …………………………………………………………………… 7
7. 嘴形较细而曲 ………………………………………………… 地鸦属 *Podoces*
　嘴形较粗而直 ………………………………………………………………… 8
8. 嘴厚而具缺刻；体羽无白斑，尾无白羽 ……………………… 松鸡属 *Garrulus*
　嘴细而无缺刻；体羽具白斑，尾具白羽 ……………………… 星鸦属 *Nucifraga*

鸦属　*Corvus*

1. 体形较大；翅长超过 380 毫米 ……………………………………… 渡鸦 *C. corax*
　体形较小；翅长不及 380 毫米 …………………………………………………… 2
2. 嘴基裸出 …………………………………………………… 秃鼻乌鸦 *C. frugilegus*
　嘴基被羽 ………………………………………………………………………… 3
3. 颈无白环 ………………………………………………………………………… 4
　颈有白环 ………………………………………………………………………… 5
4. 嘴形粗大 ……………………………………………… 大嘴乌鸦 *C. macrohynchus*
　嘴形较细 ……………………………………………………… 小嘴乌鸦 *C. corone*
5. 腹部白色 ……………………………………………………… 寒鸦 *C. monedula*
　腹部黑色 ……………………………………………………… 白颈鸦 *C. torquatus*

河乌科　Cinclidae

喉和胸白色 …………………………………………………………… 河乌 *C. cinclus*
喉和胸褐色 ………………………………………………………… 褐河乌 *C. pallasii*

岩鹨科　Prunellidao

1. 翅形尖长，超过 88 毫米 ………………………………………………………… 2
　翅形短圆，不及 85 毫米 ………………………………………………………… 3

2. 胸纯灰褐色 …………………………………………… 领岩鹨 *P. collaris*
   胸棕色，而杂以白色 …………………………………… 高原岩鹨 *P. himalayana*
3. 上体无纵纹 ……………………………………… 褐红背岩鹨 *P. immaculata*
   上体具纵纹 ……………………………………………………………… 4
4. 无眉纹 ………………………………………………… 鸲岩鹨 *P. rubeculoides*
   有眉纹 ……………………………………………………………………… 5
5. 喉黑色……………………………………………… 黑喉岩鹨 *P. atrogularis*
   喉白或棕黄色 ……………………………………………………………… 6
6. 胸棕褐色 ………………………………………… 棕胸岩鹨 *P. strophiata*
   胸淡黄色 ………………………………………………… 褐岩鹨 *P. fulvescens*
   胸呈鳞状斑……………………………………………… 山岩鹨 *P. montanella*

鹟科　Muscicapidae

鸫亚科　Turdinae

1. 翅很短；为尾较跗跖长度的二倍………………………… 短翅鸫属 *Brachypteryx*
   翅不是很短，为尾较跗跖长度的二倍 ………………………………………… 2
2. 体形较大；翅长大都远超过 100 毫米 ……………………………………… 3
   体形较小；翅长大都在 100 毫米以下 ……………………………………… 8
3. 嘴形宽阔；嘴基的宽度较嘴长之半为长；嘴须不显著 ……………… 宽嘴鸫 *Cochoa*
   嘴形较狭；嘴基的宽度不较嘴长之半为长；嘴须发达 ………………………… 4
4. 次级飞羽下面呈一道明显白斑 …………………………………………… 5
   次级飞羽下面无明显白斑 ………………………………………………… 6
   雌雄同色；下体呈斑杂状 ……………………………………… 山鸫属 *Zoothera*
   雌雄异色；下体无斑杂状……………………………………… 地鸫属 *Geokichla*
5. 体羽不呈蓝黑色 …………………………………………………………… 7
   体羽几乎呈纯蓝黑色 ………………………………………… 啸鸫属 *Myophonus*
6. 腋羽与翼下覆羽在雌雄两性均为纯色，雄性体羽不呈蓝色…………… 鸫属 *Turdus*
   腋羽与翼下覆羽在雄为纯色，在雌均呈二色相杂状；雄羽主要呈蓝色
   ……………………………………………………………… 矶鸫属 *Monticola*
7. 脚呈深黑色；习性大都拟鹟，栖于树上或漠地 ………………………………… 9
   脚为淡色或暗褐色（大翅鸲、地鸲、红尾鸲等属例外）；习性不拟鹟；栖于地面或灌丛间 ……………………………………………………………………… 10
8. 嘴形狭，嘴基较宽阔，嘴须强而较多 ……………………………… 石䳭属 *Saxicola*
   嘴形狭，嘴基不阔，嘴须弱而较少 ………………………………… 䳭属 *Oenanthe*
9. 尾呈深叉状 …………………………………………………… 燕尾属 *Enicurus*
   尾不呈叉状 ………………………………………………………………… 11
10. 尾长约为跗跖的二倍（除 L. megarhynchos 外） ……………… 歌鸲属 *Luscinia*
    尾长远超过跗跖的二倍（除 Tarsiger chrysaeus 外） ………………………… 12
11. 翅几与尾等长 ………………………………………… 短翅鸲属 *Hodgsonius*

翅约为尾的二倍 …………………………………… 大翅鸲属 *Grandala*
翅较尾长，但不超过尾长的 1.5 倍（除 Copsychus malabricus 外） ………… 13
12. 尾有红色 ………………………………………………………… 14
尾有蓝色或黄色 ……………………………………… 鸲属 *Tarsiger*
尾有黑白色 ………………………………………………………… 15
13. 尾为圆尾；栖息近水 ………………………… 溪鸲属 *Chaimarrornis*
尾为方尾；栖息不近水 ………………………… 红尾鸲属 *Phoenicurus*
14. 外侧尾羽与尾端相距，不及中趾长度之半 …………………… 地鸲属 *Myiomela*
外侧尾羽与尾端相距，至少有中趾的长度 …………………… 鹊鸲属 *Copsychus*

矶鸫属　*Monticola*

1. 尾上覆羽和尾羽基部均栗 ………………………… 白背矶鸫 *M. sazatilis*
尾上覆羽和尾羽基部不为栗色 ……………………………………… 2
2. 翅长超过 100 毫米；喉非白色 ……………………………………… 3
翅长不及 100 毫米；喉白 ……………………… 白喉矶鸫 *M. gularis*
3. 喉黑 ……………………………………………… 栗胸矶鸫 *M. ruficentris*
喉蓝 ………………………………………………… 蓝矶鸫 *M. solitania*

鸫属　*Turdus*

1. 体羽一般纯黑或暗褐色 ……………………………………………… 2
体羽非纯黑或暗褐色 ………………………………………………… 3
2. 翅几纯黑褐色 ………………………………………… 乌鸫 *T. merula*
翅具淡灰或棕灰色块斑 ……………………………… 灰翅鸫 *T. boulboul*
3. 头、颈和胸均纯黑色 ………………………………………………… 4
头、颈和胸非纯黑色 ………………………………………………… 5
4. 背与腹棕白以至暗棕色 …………………………… 棕背鸫 *T. kessleri*
背乌褐；腹白色 ………………………………………… 乌灰鸫 *T. cardis*
5. 翼下覆羽和腋羽完全或局部为栗或橙黄色 …………………………… 6
翼下覆羽和腋羽呈灰色 …………………………………………… 10
翼下覆羽和腋羽呈白色 …………………………………………… 11
6. 胁具点斑 …………………………………………………………… 7
胁无点斑 …………………………………………………………… 8
7. 耳羽纯灰褐或暗褐色 ………………………………… 斑鸫 *T. naumanni*
耳羽前棕后黑，形成显著的黑色块斑 ………………… 歌鸫 *T. mupinensis*
8. 体侧棕栗色 ………………………………………………………… 9
体侧多少为灰色 ………………………………………… 赤颈鸫 *T. ruficollis*
9. 胸黑色 ………………………………………………… 黑胸鸫 *T. dissimilis*
胸灰色 ………………………………………………… 灰背鸫 *T. hortulorum*
10. 眉纹白；胁灰色 ………………………………………… 褐头鸫 *T. feae*
无眉纹；若存在时，胁呈橙栗色 ………………………… 白腹鸫 *T. pallidus*

11. 头顶与上背均褐色 …………………………………………………… 槲鸫 *T. viscivorus*
头顶灰色，上背棕色 ………………………………………………… 田鸫 *T. pilaris*

地鸫属 *Geokichla*

下体无栗色 ………………………………………………………… 白眉地鸫 *G. sibiricus*
下体几乎纯栗色 …………………………………………………… 橙头地鸫 *G. citrina*

山鸫属 Zoothera

1. 下体具横斑或点斑；嘴须少而侧位 ………………………………………………… 2
下体具块斑；嘴须较多而位于前方者伸越鼻孔 ………… 长嘴山鸫 *Z. marginata*
2. 上体羽毛具黑色端斑……………………………………………… 虎斑山鸫 *Z. dauma*
上体羽毛无黑色端斑 ……………………………………… 光背山鸫 *Z. mollissima*

石鵖属 *Saxicola*

1. 尾较翅短甚，并不呈显著地凸尾状 ………………………………………………… 2
尾几乎与翅等长，并呈显著地凸尾状 ……………………………………………… 5
2. 体羽完全为黑和白色 ……………………………… 白斑黑石鵖 *S. caprata*（♂）
体羽不全为黑和白色 ……………………………………………………………… 3
3. 喉黑 ……………………………………………………… 黑喉石鵖 *S*，*torguata*（♂）
喉白或淡棕色 ……………………………………………………………………… 4
喉褐 ……………………………………………………………………… 白斑黑石鵖（♀）
4. 翅长超过 80 毫米 ……………………………………………… 白喉石鵖 *S. insignis*
翅长不及 80 毫米 ……………………………………………………… 黑喉石鵖（♀）
5. 上体和翅、尾等均黑 …………………………………………… 黑白林鵖 *S. jerdoni*
上体为灰色和黑色；翅上覆羽大都白色；尾羽有白缘……… 灰林鵖 *S. ferrea*（♂）
上体棕褐或棕灰色 ………………………………………………………………… 6
6. 具眉纹 …………………………………………………………………… 灰林鵖（♀）
无眉纹 …………………………………………………………………… 黑白林鵖（♀）

鵖属 *Oenanthe*

1. 喉黑 ……………………………………………………… 白顶鵖 *O. hispanica*（♂）
喉非黑色 …………………………………………………………………………… 2
2. 外侧尾羽的横斑不超过 25 毫米的宽度 ………………………… 穗鵖 *O. oenanthe*
外侧尾羽的横斑超过 25 毫米的宽度 ……………………………………………… 3
3. 雌雄几乎相同色；翼下覆羽棕色……………………………… 沙鵖 *O. desertina*
雌雄异色；翼下覆羽黑色 ……………………………………… 漠鵖 *O. deserti*

燕尾属 *Enicurus*

1. 尾较翅长甚；中央尾羽仅为最长尾羽之 1/3 …………………………………… 2
尾较翅短；中央尾羽几乎达尾端 …………………………………… 小燕尾 . *scouleri*
2. 背纯色 ……………………………………………………………………………… 3
背有点斑 ……………………………………………………… 斑背燕尾 *E. maculatus*
3. 颏、喉黑；胸白 ………………………………………… 灰背燕尾 *E. schistaceus*

颏、喉及胸均黑 …………………………………… 黑背燕尾 *E. leschenaulti*

歌鸲属　*Luscinia*（♂）

1. 喉与下体余部同色 ………………………………………………………… 2
　喉与下体余部异色 ………………………………………………………… 3
2. 下体纯白色 …………………………………………………… 蓝歌鸲 *L. cyane*
　下体辉栗色 ………………………………………………… 栗腹歌鸲 *L. brunnea*
　下体淡棕色 ……………………………………… 新疆歌鸲 *L. megerhynchos*
3. 喉为红色或近红色 ………………………………………………………… 4
　喉主要为蓝色……………………………………………………… 蓝点颏 *L. svecica*
　喉具褐斑 …………………………………………………… 红尾歌鸲 *L. sibilans*
4. 头侧与喉羽同色 …………………………………………… 日本歌鸲 *L. akahige*
　头侧与喉羽异色 ………………………………………………………… 5
5. 胸为黑色 ………………………………………………… 黑胸歌鸲 *L. pectoralis*
　胸为灰或淡褐色 …………………………………………… 红点颏 *L. calliope*
　胸为金棕色 ……………………………………………… 金胸歌鸲 *L. pectardens*

鸲属　*Tarsiger*

1. 下体纯棕色 ………………………………………………………………… 2
　下体污白，仅肋部沾棕………………………………… 红胁蓝尾鸲 *T. cyanurus*
2. 眉白 …………………………………………………………… 白眉林鸲 *T. indicus*
　眉棕 ………………………………………………………… 金色林鸲 *T. chrysaeus*

红尾鸲属　*Phoenicurus*

1. 外侧尾羽具黑色端斑 ……………………………………… 蓝额红尾鸲 *P. frontalis*
　尾羽无黑色端斑 ………………………………………………………… 2
2. 下喉具白色端斑 ……………………………………… 白喉红尾鸲 *P. schisticeps*
　喉无白色块斑 …………………………………………………………… 3
3. 中央尾羽与外侧尾羽相似；翅长超过 100 毫米 ……… 红腹红尾鸲 *P. erythrogaster*
　中央尾羽与外侧尾羽不同；翅长不及 100 毫米 …………………………… 4
4. 次级飞羽的内外翈均无白斑 ………………………………… 北红尾鸲 *P. auroreus*
　次级飞羽的内翈无白斑 ………………………………………………… 5
5. 尾羽端部的羽干黑色 …………………………………… 红背红尾鸲 *P. erythronotus*
　外侧尾羽的羽干纯栗 ………………………………………………… 6
6. 次级飞羽具白缘………………………………………… 黑喉红尾鸲 *P. hodgsoni*
　次级飞羽具棕缘 ……………………………………………… 赭红尾鸲 *P.ochruros*

画眉亚科　Timaliino

1. 鼻孔完全被羽掩盖 …………………………………………………………… 25
　鼻孔不完全被羽掩盖 ……………………………………………………… 2
2. 两性相似；翅较短；脚较长 ……………………………………………… 3
　两性一般不同；翅较长；脚较短 ………………………………………… 21

3. 脚较强；习性主要为地栖 …… 4
脚较弱；习性主要为树栖 …… 17
4. 尾较长，超过 90 毫米 …… 5
尾长适中，50～90 毫米 …… 9
尾较短，不及 50 毫米 …… 15
5. 嘴较头为短 …… 6
嘴较头为长，或几与等长 …… 8
6. 头呈白色，幼鸟为棕褐色 …… 白头鵙鹛属 *Gampsorhynchus*
不具上列特征 …… 7
7. 上体具显著纵纹 …… 草鹛属 *Babax*
上体不具显著纵纹 …… 噪鹛属 *Garrulax*
8. 嘴长不及 50 毫米 …… 钩嘴鹛属 *Pomatarhinus*
嘴长超过 50 毫米 …… 剑嘴鹛属 *Xiphirhynchus*
9. 额羽的羽干强硬 …… 10
额羽的羽干不强硬 …… 13
10. 尾较翅长 …… 11
翅较尾长 …… 12
11. 头顶的羽干强硬而发亮 …… 鹛属 *Timalia*
头顶的羽干不强硬 …… 鹛雀属 *Chrysomma*
12. 鼻孔圆形而裸出 …… 纹胸鹛属 *Macronus*
鼻孔非圆形而被膜 …… 穗鹛属 *Stachyris*
13. 嘴形直；其在中部的厚度较在鼻孔处为大 …… 14
嘴形稍曲；其在鼻孔处的厚度较在其中部为大 …… 雀鹛属 *Alcippe*
14. 嘴须发达 …… 雅鹛属 *Tichastoma*
嘴须很短 …… 幽鹛属 *Pellorneum*
15. 有嘴须 …… 鹪鹛属 *Napothera*
无嘴须 …… 16
16. 尾羽 10～12 枚 …… 鹩鹛属 *Spelacomis*
尾羽仅 6 枚 …… 鹪鹛属 *Pnoepyga*
17. 尾呈凸尾状 …… 18
尾呈方尾状 …… 凤鹛属 *Yuhina*
18. 翼有横斑 …… 斑翅鹛属 *Actinodura*
翼无横斑 …… 19
19. 尾较翅长很多 …… 20
尾与翅几等长 …… 希鹛属 *Minla*
20. 嘴较细长，达 15 毫米以上；头有羽冠 …… 奇鹛属 *Heterophasia*
嘴较短粗，在 15 毫米以下；头无羽冠 …… 山鹛属 *Rhopophilus*
21. 尾较翅长 …… 薮鹛属 *Liocichla*

翅较尾长 ………………………………………………………………………………………… 22

22. 尾羽向外稍曲 ……………………………………………………… 相思鸟属 *Leiothrix*

尾羽形直 ………………………………………………………………………………………… 23

23. 尾上覆羽与尾端的距离不及后趾的长度 ……………………………… 姬鹛属 *Cutia*

尾上覆羽与尾端的距离约有跗跖的长度 ………………………………………………… 24

24. 嘴粗厚，先端具钩；嘴长为头长之半……………………………… 鵙鹛属 *Pteruthius*

嘴细长稍曲，先端无钩；嘴长与头长几相符 ……………………… 缘鹛属 *Myzornis*

25. 第 1 枚初级飞羽的长度不及第 2 枚之半 ………………………… 文须雀属 *Panurus*

第 1 枚初级飞羽的长度超过第 2 枚之半 …………………………………………………… 26

26. 嘴形粗长，其长度约为 20 毫米 ……………………………… 红嘴鸦雀属 *Conostoma*

嘴形短厚，其长度在 16 毫米以下，一般不及 10 毫米 ………………………………

钩嘴鹛属 *Pomatorhinus*

1. 有白眉纹 ……………………………………………………… 棕颈钩嘴鹛 *P. ruficcollis*

无眉纹 ……………………………………………………………………………………………… 2

2. 嘴形细，长度在 35 毫米以下 …………………………… 锈脸钩嘴鹛 *P. erythrogenys*

嘴较粗厚，长度在 40 毫米左右 ………………………… 长嘴钩嘴鹛 *P. hypoleucos*

穗鹛属 *Stachyris*

1. 嘴峰形曲 ………………………………………………………………………………………… 2

嘴峰形直 …………………………………………………………………………………………… 3

2. 头顶黑色，而具白色纵纹 ……………………………………… 黑头穗鹛 *S. nigriceps*

头顶金黄色，而具黑色纵纹 ……………………………………… 金头穗鹛 *S. chrysaca*

3. 额栗色 …………………………………………………………… 红头穗鹛 *S. ruficeps*

额金属黄色 ………………………………………………………… 红顶穗鹛 *S. davidi*

噪鹛属 *Garrulax*

1. 鼻孔完全为须所掩盖………………………………………………… 山噪鹛 *G. davidi*

鼻孔几全为须为掩盖 ……………………………………………………………………………… 2

鼻孔仅半为须所掩盖 ……………………………………………………………………………… 4

鼻孔不为须所掩盖，但有时具少数毛羽 ………………………………………………… 7

2. 颈和喉均黑色 …………………………………………………… 黑脸噪鹛 *G. chinensis*

颈和喉均白色………………………………………………………… 灰胁噪鹛 *G. caeulatus*

颈和喉均棕褐色 …………………………………………………………………………………… 3

颈和喉均灰色……………………………………………… 黑脸噪鹛 *G. perspicillatus*

颈黑；喉黄 ………………………………………………………… 黄腹噪鹛 *G. galbanus*

3. 眼先白；腹棕褐 ………………………………………………… 白脸噪鹛 *G. sannio*

眼先棕；腹灰……………………………………………… 棕噪鹛 *G. poecilorhynchus*

4. 头顶和羽冠白 ………………………………………………… 白冠噪鹛 *G. leucolophus*

头顶非白色；无羽冠 ……………………………………………………………………………… 5

5. 胸具黑带 …………………………………………………………………………………………… 6

胸无黑带 …………………………………………………… 白喉噪鹛 *G. alboyularis*
6. 具黑色颊纹 ………………………………………………… 黑领噪鹛 *G. pectoralis*
无黑色颊纹 ………………………………………………… 小黑领噪鹛 *G. moniliger*
7. 嘴端不具齿突 …………………………………………………………………… 8
嘴端具齿突 …………………………………………………………………………… 11
8. 尾具白色或褐色先端 …………………………………………………………… 9
尾不具白色或褐色先端 ………………………………… 斑胸噪鹛 *G. merulinus*
9. 上体具白斑 …………………………………………………………………………… 10
上体无点斑或横斑…………………………………………… 灰翅噪鹛 *G. merulinu*
10. 体形较小；下喉黑色 ………………………………………… 眼纹噪鹛 *G. ocellatus*
体形较大；喉纯棕色 ……………………………………… 花背噪鹛 *G. maximus*
11. 头顶或头项有栗色 ……………………………… 红头噪鹛 *G. ergthrocephalus*
头顶或头项无栗色 …………………………………………………………………… 12
12. 两翅羽色鲜艳 ………………………………………………………………………… 13
两翅羽色暗纯 …………………………………………………………………………… 17
13. 两翅主要为赤色 ……………………………………………………………………… 14
两翅主要为金属黄色 …………………………………………………………………… 15
两翅主要为橄榄褐色……………………………………………………… 画眉 *G. canorus*
翅上有灰或蓝灰色羽缘 ……………………………………………………………… 16
14. 耳羽灰；尾羽上赤，下黑 ……………………………………… 丽色噪鹛 *G. formosus*
耳羽白；尾赤 …………………………………………………… 赤尾噪鹛 *G. milnei*
15. 初级飞羽褐色 ………………………………………………… 纯色噪鹛 *G. subunicolor*
初级飞羽黑色 …………………………………………………… 黑顶噪鹛 *G. affinis*
16. 上体呈鳞状斑 ……………………………………………… 鳞斑噪鹛 *G. squamatus*
上体呈纯色，无斑 ……………………………………………… 伊氏噪鹛 *G. ellioti*
17. 上体有纵纹……………………………………………………… 细纹噪鹛 *G. lineatus*
上体无纵纹 ……………………………………………………… 灰腹噪鹛 *G. henrici*

雀鹛属 Alcippe

1. 初级飞羽的外缘为纯色 …………………………………………………………… 2
初级飞羽的外缘呈异色 ……………………………………………………………… 4
2. 鼻孔不为须所掩着；外侧尾羽与中央尾羽的相距不及 12 毫米 ………………… 3
鼻孔为细须所掩着；外侧尾羽与中央尾羽的相距超过 12 毫米 …………………… 9
3. 眼周有狭形灰色或白色环…………………………………… 白眶雀鹛 *A. morrisonia*
眼周无狭形灰色或白色环 ………………………………… 灰眼雀鹛 *A. poiooicephala*
4. 鼻孔不为须所掩着 …………………………………………………………………… 5
鼻孔为多数细须所掩着 ……………………………………………………………… 6
5. 额栗褐色 ………………………………………………………… 栗头雀鹛 *A. castaneiceps*
额栗黄色…………………………………………………………… 金额雀鹛 *A. variegaticeps*

6. 嘴狭；后趾与后爪相等 …………………………………………………… 7
　嘴阔；后趾较后爪长 ……………………………………… 金胸雀鹛 *A. chysotis*
7. 有白眉纹 ……………………………………………………… 白眉雀鹛 *A. chysotis*
　无眉纹 ……………………………………………………………………… 8
8. 头顶灰褐色 ………………………………………………… 褐头雀鹛 *A. cinereiceps*
　头顶棕栗色 ………………………………………………… 棕头雀鹛 *A. ruficapilla*
　头顶橄榄褐色，而具纵纹 ……………………………………… 高山雀鹛 *A. striapilla*
9. 眉纹白 ………………………………………………………… 褐胁雀鹛 *A. striaticollis*
　眉纹灰 ……………………………………………………………… 褐雀鹛 *A. brunneus*

凤鹛属　*Yuhina*

1. 嘴细长稍曲，上下嘴等长 ………………………………………………… 2
　嘴厚直，上嘴较下嘴长而向下曲 ……………………………………… 5
2. 喉具黑纹 …………………………………………………… 纹喉凤鹛 *Y. gularis*
　喉无黑纹 ……………………………………………………………………… 3
3. 喉褐色 ……………………………………………………………………… 4
　喉白；颈具黑斑 ……………………………………………… 黑额凤鹛 *Y. nigrimentum*
4. 枕环白色；尾羽的羽干白 ……………………………………… 白领凤鹛 *Y. diademata*
　枕环棕色；尾羽的羽干褐 ……………………………………… 棕胁凤鹛 *Y. occipilalis*
5. 嘴在鼻孔处的厚度不及其阔度 ………………………………… 黄头凤鹛 *Y. flavicollis*
　嘴在鼻孔处的厚度超过其阔度 ………………………………… 白腹凤鹛 *Y. zantholeuca*

鸦雀属　*Paradoxornis*

1. 仅具三趾 …………………………………………………… 三趾鸦雀 *P. nigrimentum*
　趾四 ……………………………………………………………………… 2
2. 尾较翅长 ……………………………………………………………………… 3
　尾不长于翅或较翅短 ……………………………………………………… 7
3. 嘴的厚度较长度大 ………………………………………… 黄嘴鸦雀 *P. flavirostris*
　嘴的厚度较长度小 ………………………………………………………… 4
4. 眉纹黑或褐色 ……………………………………………………………… 5
　眉纹不显著或缺如 ………………………………………………………… 6
5. 背橄榄褐色；胸暗黄色 ……………………………………… 褐鸦雀 *P. unicolor*
　背橙褐色；胸蓝灰色 ………………………………………… 棕耳鸦雀 *P. poliotus*
　背棕褐色，胸白而带粉红色 ……………………………… 黑眉鸦雀 *P. atrosuperciliaris*
6. 头顶和背橙褐色 …………………………………………… 黑喉鸦雀 *P. verreauxi*
　头顶棕褐；背橄榄褐色 ……………………………………… 棕头鸦雀 *P. webbianus*
　头顶中央棕褐色；背橄榄黄色 ……………………………… 黄额鸦雀 *P. fulvifrons*
7. 翅长超过 76 毫米 …………………………………………………………… 8
　翅长不及 76 毫米 …………………………………………… 掛墩鸦雀 *P. davidiana*
8. 头顶棕褐；颊白 …………………………………………… 红头鸦雀 *P. ruficeps*

头顶灰；颊黑 …………………………………………………………… 灰头鸦雀 *P. gularis*

莺亚科 Sylviinae

1. 尾特短，在 20 毫米以下；脚特强长 ………………………………… 地莺属 *Tesia*
   尾正常，在 30 毫米以上；脚细长 ……………………………………………… 2
2. 鼻孔被以纤羽；头上具鲜丽羽冠；或是鼻孔不被以纤羽，但体羽上有紫色块斑 … 3
   鼻孔不被以纤羽；头上无鲜丽羽冠；体羽上也无紫色块斑 ………………… 5
3. 鼻孔被以单枚坚硬纤羽；头上具鲜丽羽冠 ……………………… 戴菊莺属 *Reyulus*
   鼻孔不被以分散的纤羽；体羽上具暗紫或紫蓝色块斑 ……………………… 4
4. 头上无羽冠 ………………………………………………………… 雀莺属 *Leptopoecile*
   头上有羽冠 …………………………………………………… 凤头雀莺属 *Leptobasileus*
5. 尾具 12 羽（Orthotomus，Seicercur 等属有例外）…………………………… 6
   尾具 11 羽（Prinia 属有例外） ……………………………………………… 16
6. 额羽短圆，羽干不延长；额缘除嘴须外，不另具须 ………………………… 7
   额羽松散，羽干延伸；嘴须前尚具副须 ……………………………………… 13
7. 第 1 枚初级飞羽不及第 2 枚的 1/3 ……………………………………………… 8
   第 1 枚初级飞羽超过第 2 枚的 1/3 ……………………………………………… 9
8. 嘴须发达；尾呈凸形不显著，外侧尾羽超过尾长的 3/4 …… 苇莺属 *Acrocephalus*
   嘴须甚小；尾呈凸形甚显著，外侧尾羽不及尾长的 3/4 …… 蝗莺属 *Bradypterus*
9. 嘴须甚短 ………………………………………………………… 短翅莺属 *Bradypterus*
   嘴须发达 ………………………………………………………………………… 10
10. 嘴长于头，或与等长 ……………………………………………… 缝叶莺属 *Orthotomus*
    嘴短于头 ……………………………………………………………………… 11
11. 第 1 枚初级飞羽较短于第 2 枚之半 ………………………………… 扇尾莺属 *Cisticola*
    第 1 枚初级飞羽较长于第 2 枚之半 ………………………………………… 12
12. 第 3 枚初级飞羽并非最长 …………………………………………… 草莺属 *Graminicola*
    第 3 枚初级飞羽长达翼端…………………………………………… 大尾莺属 *Megalurus*
13. 尾呈凸状很显著………………………………………………… 芦莺属 *Phragmaticola*
    尾呈平尾状，或呈稍叉状 …………………………………………………… 14
14. 副须短而不显著 ……………………………………………………………… 15
    副须多而强 ………………………………………………………… 柳莺属 *Phyllosoopus*
    副须多而特长，达至嘴端 …………………………………………… 鹟莺属 *Seicercus*
15. 嘴自口角至先端较中趾（连爪）为长 ………………………………… 篱莺属 *Hippolais*
    嘴自口角至先端较中趾（连爪）为短 ……………………………………… 莺属 *Sylvia*
16. 尾与翅等长或较翅短，并不呈凸状或不显著………………………… 树莺属 *Celtia*
    尾较翅长甚，并呈凸状甚显著 ……………………………………… 鹛莺属 *Prinia*

苇莺属 *Acrocephalus*

1. 体形较大；翅超过 75 毫米 …………………………………………………… 2
   体形较小；翅不及 65 毫米 …………………………………………………… 3

2. 第 2 枚初级飞羽较第 5 枚短 …………………………………… 南大苇莺 *A. stentoreus*
   第 2 枚初级飞羽与第 4 枚等长或较长 ………………………… 大苇莺 *A. arundinaceus*
3. 眉纹上有黑纹 ………………………………………………………………………… 4
   眉纹上无黑纹 ……………………………………………………… 稻田苇莺 *A. agricolus*
4. 头顶无纵纹 ………………………………………………………… 黑眉苇莺 *A. bistriceps*
   头顶有黑褐色纵纹 ………………………………………………… 细纹苇莺 *A. sorghophilus*

蝗莺属 *Locustella*

1. 上体几纯色；尾羽下面也几乎纯白色 ……………………… 苍眉蝗莺 *L. fasciolata*
   上体具斑点；如无斑时，尾羽下面具近端黑斑和淡色先端 ………………… 2
2. 尾羽具白端 …………………………………………………………………………… 3
   尾羽无白端 …………………………………………………………………………… 4
3. 头顶与背均具暗色纵纹 …………………………………………… 小蝗莺 *L. certhiola*
   头顶与背的斑纹不显著或缺如 …………………………………… 北蝗莺 *L. ochotensis*
4. 胸和胁具纵纹 ……………………………………………………… 矛斑蝗莺 *L. lanceolata*
   下体无斑纹 ………………………………………………………… 黑斑蝗莺 *L. naevia*

柳莺属 *Phylloscopus*

1. 翅上无斑 ……………………………………………………………………………… 2
   翅上具斑 ……………………………………………………………………………… 7
2. 腹面纯暗黄色 ……………………………………………………… 黄腹柳莺 *P. affinis*
   腹面淡棕黄色 ……………………………………………………… 棕腹柳莺 *P. subaffinis*
   腹面不呈上述的羽色 ………………………………………………………………… 3
3. 翼下覆羽不为白，黄或浅黄色 ……………………………………………………… 4
   翼下覆羽呈白，黄或浅黄色 ………………………………………………………… 5
4. 下体呈油黄色 ……………………………………………………… 灰柳莺 *P. griseolus*
   下体不呈油黄色 …………………………………………………… 褐柳莺 *P. fuscatus*
5. 腹面具黄色纵纹 …………………………………………………… 棕眉柳莺 *P. armandi*
   腹面不具黄色纵纹 …………………………………………………………………… 6
6. 嘴形较厚 …………………………………………………………… 巨嘴柳莺 *P. schwarzi*
   嘴形较细 …………………………………………………………… 棕柳莺 *P. collybota*
7. 第 6 枚初级飞羽的外羽不具切刻 ……………………………… 极北柳莺 *P. borealis*
   第 6 枚初级飞羽的外羽具有切刻 …………………………………………………… 8
8. 腰具黄带 ……………………………………………………………………………… 9
   腰无黄带 ……………………………………………………………………………… 11
9. 尾无白色 …………………………………………………………… 黄腰柳莺 *P. proreyulus*
   外侧三对尾羽的内瓣白色 …………………………………………………………… 10
10. 胸和上胸灰，下体余部黄色 …………………………………… 灰喉柳莺 *P. maculipennis*
    不呈上述羽色相翼的特征 ……………………………………… 橙斑翅柳莺 *P. pulcher*
11. 尾下覆羽金属黄色，腹面余部白色 …………………………… 冕柳莺 *P. coronatus*

不具上述特征 …………………………………………………………………………… 12
12. 头顶具显著冠纹 …………………………………………………………………… 13
头顶无显著冠纹 …………………………………………………………………… 15
13. 喉与上胸黄；下胸白 ……………………………………… 黄胸柳莺 *P. cantator*
不具上述羽色相翼的特征 ……………………………………………………………… 14
14. 体形较大；翅长（♂）达 56～67 毫米 ……………………… 冠纹柳莺 *P. cantator*
体形较小；翅长（♂）仅 51～57 毫米 ……………………… 白斑尾柳莺 *P. davisoni*
15. 腹面呈丝亮白色；脚淡肉色 ……………………………… 灰脚柳莺 *P. tenellipes*
腹面不呈丝亮白色；脚较暗色 ………………………………………………………… 16
16. 翅（♂）不短于 68 毫米；下嘴（在剥制标本）除嘴基外，纯暗铅色
…………………………………………………………………… 乌嘴柳莺 *P. magnirostris*
翅（♂）不超过 68 毫米；下嘴纯黄色 ……………………… 暗缘柳莺 *P. trochiloides*
翅（♂）不长于 61 毫米；下嘴除嘴基外纯褐色 ………… 黄眉柳莺 *P. inornatus*

鹟莺属 *Seicercus*

1. 尾有 12 羽 …………………………………………………………………………… 2
尾仅有 10 羽 ………………………………………………………………………… 6
2. 腹面全部深黄色 ……………………………………………………………………… 3
腹面非全黄色 ………………………………………………………………………… 5
3. 头顶两侧具黑带 ……………………………………………………………………… 4
头顶两侧具灰带 ……………………………………… 灰头鹟莺 *S. xanthoschistus*
4. 眼周具白色羽圈；头侧蓝灰色 ……………………………… 缘头鹟莺 *S. saffinis*
眼周具黄色羽圈；头侧近黄色 ……………………………… 金眶鹟莺 *S. burkii*
5. 颊灰色；头顶近黑 …………………………………………… 灰脸鹟莺 *S. poliogenys*
颊至上胸灰色；头顶栗色 …………………………………… 栗头鹟莺 *S. catanicepa*
6. 颈和喉均白 …………………………………………………………………………… 7
颈和喉均黄 …………………………………………………… 黑脸鹟莺 *S. schisticeps*
7. 颈和喉具黑色羽基 …………………………………………… 棕脸鹟莺 *S. alboyularis*
颈和喉无黑色羽基 …………………………………………… 黄腹鹟莺 *S. superciliaris*

树莺属 *Cettia*

1. 鼻孔为长须所掩着 ………………………………………… 异色树莺 *C. flavolivacea*
鼻孔不为须所掩着 …………………………………………………………………… 2
2. 翅约为尾长的二倍 ………………………………………… 鳞头树莺 *C. squameiceps*
翅与尾几乎等长 ……………………………………………………………………… 3
3. 嘴须前有副须 ………………………………………………………………………… 4
嘴须前无副须 ………………………………………………………………………… 8
4. 上体纯为同色 ………………………………………………………………………… 5
头顶与背不同色 ……………………………………………………………………… 7
5. 上体棕褐色 …………………………………………………………………………… 6

上体橄榄褐色 …………………………………………… 淡脚树莺 *C. pallidipes*

6\. 下体黄色 ………………………………………………… 黄腹树莺 *C. acanthizoides*

下体棕褐色 …………………………………………………… 山树莺 *C. fortipes*

7\. 头顶辉栗褐色 ………………………………………………… 大树莺 *C. major*

头顶仅稍沾棕色 ………………………………………………… 短翅树莺 *C. diphone*

8\. 尾呈凸状；外侧尾羽较中央尾羽甚短 …………………… 棕顶树莺 *C. brunifrons*

尾形宽；外侧尾羽较中央尾羽稍短 ………………………… 宽尾树莺 *C. cetti*

鹪莺属 *Prinia*

1\. 尾有 12 羽 ………………………………………………… 暗冕鹪莺 *P. rufescens*

尾仅 10 羽 …………………………………………………………………… 2

2\. 翅与尾几等长 ………………………………………… 灰胸鹪莺 *P. hodgsonii*

尾较翅长甚 …………………………………………………………………… 3

3\. 尾为翅长的二倍 …………………………………………………………… 4

尾为翅长的 1.5 倍 ………………………………………………………… 6

4\. 喉白或棕白色 ……………………………………………………………… 5

喉黑色 …………………………………………………… 黑喉山鹪莺 *P. atrogularis*

5\. 上体具黑纹，尤其在头顶与上背 ……………………… 山鹪莺 *P. criniger*

上体纵纹不显著 …………………………………………… 褐山鹪莺 *P. polychroa*

6\. 头顶暗灰；腹呈黄色 ……………………………… 灰头鹪莺 *P. flaviaenlris*

头顶土褐；腹呈淡棕色 ……………………………… 褐头鹪莺 *P. inornola*

鹟亚科 Muscicapinae

1\. 尾较翅短 …………………………………………………………………… 2

尾较翅长，或与等长 …………………………………………………………… 6

2\. 嘴须数少，形短或适中 ……………………………………………………… 3

嘴须形长 ……………………………………………………………………… 5

3\. 跗跖细长或长度适中；头和尾基长有白色；习性非真正树栖 ……… 鹟属 *Ficedula*

跗跖较短，或甚短弱；头和尾（除一个例外）无白色；大都树栖 ……………… 4

4\. 羽无纵纹，并具蓝或棕斑 …………………………………… 仙鹟属 *Niltavs*

羽有纵纹，大都呈灰褐以至蓝灰色 ……………………… 鹟属 *Muscicapa*

5\. 嘴须少，第一枚初级飞羽不短于第二枚之半 ………………… 林鹟属 *Rhinomyias*

嘴须多，第一枚初级飞羽短于第二枚之半 ………………… 方尾鹟属 *Culicicapa*

6\. 头有羽冠 ………………………………………………… 寿带属 *Teripsiphone*

头无羽冠 ……………………………………………………………………… 7

7\. 两性相同；尾较翅长甚（除一种外） ……………………… 扇尾鹟属 *Rhipidura*

两性不相同；尾与翅几相等 …………………………… 黑枕王鹟属 *Hypothymis*

姬鹟属 *Ficedula*（♂）

1\. 翅较长，其与尾端相距，不及跗跖的长度 ………………………………… 2

翅较短，其与尾端相距，超过跗跖的长度 ………………………………… 11

2. 翅长适中，其与尾端相距，超过嘴峰的长度 …………………………………… 3
翅甚长，其与尾端相距，不及嘴峰的长度 …………………………………… 9
3. 嘴峰长度超过嘴基宽度的二倍 …………………………………… 红喉鹟 *F. parva*
嘴峰长度不及嘴基宽度的二倍 …………………………………… 4
4. 嘴较短，嘴峰不超过内趾（连爪）的长度 …………………………………… 5
嘴较长，嘴峰超过内趾（连爪）的长度，或与相等 …………………………………… 6
5. 内侧大覆羽具白色块斑；眉纹白 …………………………………… 鸲鹟 *F. mugimaki*
翅上覆羽无白色块斑；无眉纹 …………………………………… 绣胸蓝鹟 *F. parva*
6. 喉白 …………………………………… 7
喉棕 …………………………………… 8
7. 上体蓝色；翅上无白斑 …………………………………… 白眉蓝鹟 *F. hodysoni*
上体黑色；翅上有白斑 …………………………………… 小斑鹟 *F. westermanni*
8. 上体蓝灰色；眉纹白 …………………………………… 棕胸蓝鹟 *F. hyperythra*
上体蓝色；无眉纹 …………………………………… 玉头鹟 *F. sapphira*
9. 腰蓝；喉白；胸白 …………………………………… 白腹蓝鹟 *E. cyanomelana*
腰黄；喉和胸均黄 …………………………………… 10
10. 眉黄 …………………………………… 黄眉鹟 *F. narcissina*
眉白 …………………………………… 白眉鹟 *F. zanthopygia*
11. 上体灰蓝色；喉白，下体余部灰白 …………………………………… 灰蓝鹟 *F. tricolor*
上体橄榄褐色；喉黑，胸具橙斑 …………………………………… 橙胸鹟 *F. strophiala*

仙鹟属 *Niltava*（♂）

1. 额羽正常，不掩着鼻孔 …………………………………… 2
额羽形长而密，掩着鼻孔 …………………………………… 5
2. 头顶和腰的蓝色与背部不同 …………………………………… 棕腹蓝鹟 *N. vivida*
头顶、背部和腰完全同色 …………………………………… 3
3. 下体完全蓝色 …………………………………… 纯蓝鹟 *N. unicolor*
颏、喉蓝色；胸暗蓝色；腹白 …………………………………… 海南蓝仙鹟 *N. hainana*
颏和喉蓝色；胸棕色；腹白 …………………………………… 蓝喉蓝鹟 *N. rubeculoides*
颏尖黑色；喉与胸棕色；腹白或棕色 …………………………………… 4
4. 腹和尾下覆羽近白 …………………………………… 黑颏蓝鹟 *N. tickelliae*
腹和尾下覆羽棕色 …………………………………… 山蓝鹟 *N. banyumas*
5. 翅长超过 95 毫米 …………………………………… 大仙鹟 *N. qrandis*
翅长不及 95 毫米 …………………………………… 6
6. 翼下覆羽棕色 …………………………………… 7
翼下覆羽和腋羽白或灰白 …………………………………… 小仙鹟 *N. macgrigoriac*
7. 翅长在 86 毫米以下 …………………………………… 棕腹仙鹟 *N. sundara*
翅长在 90 毫米以上 …………………………………… 大卫仙鹟 *N. davidi*

鹟属　*Muscicapa*

1. 第二枚初级飞羽较第五枚为长或与等长 …… 2
   第二枚初级飞羽较第五枚为短 …… 5
2. 嘴在额处的宽度约为其长度的二倍 …… 斑鹟 *M. striata*
   嘴在额处的宽度与其长度几相等 …… 3
3. 尾纯暗褐色 …… 4
   尾呈不同的羽色 …… 红褐鹟 *M. ferruginea*
4. 上体灰褐色 …… 乌鹟 *M. sibirica*
   上体暗褐，而沾朱克力色 …… 斑胸鹟 *M. griseisticla*
5. 全身几乎纯铜蓝色 …… 铜蓝鹟 *M. thalassina*
   体羽不呈铜蓝色 …… 6
6. 上体灰褐色；胸羽也杂以灰褐色 …… 北灰鹟 *M. davurica*
   上体棕褐色；胸栗褐色 …… 褐胸鹟 *M. muttui*

扇尾鹟属　*Rhipidura* …… 7

1. 尾较翅长 …… 2
   尾与翅几乎等长 …… 黄腹扇尾鹟 *R. hypoxantha*
2. 额白；喉主为黑色 …… 白眉扇尾鹟 *R. aureola*
   额黑；喉白 …… 白喉扇尾鹟 *R. albicollis*

山雀科　Paridiae

1. 尾较长；最外侧尾羽与尾端的距离约为后趾（连爪）的长度 …… 2
   尾较短；最外侧尾羽与尾端的距离约为后趾（连爪）的长度 …… 4
2. 头呈锈红色 …… 红头长尾山雀 *A. egithalos concinus*
   头非锈红色 …… 3
3. 颏和喉的中央均黑色；腹羽白色 …… 黑头长尾山雀 *A. iouschistos*
   下体为白以至葡萄红色，喉具银灰色块斑 …… 银喉长尾山雀 *A. caudaivs*
4. 尾稍呈圆尾形 …… 5
   尾呈方形或稍呈叉形 …… 10
5. 头无羽冠 …… 6
   头具羽冠 …… 17
6. 体羽不为蓝和白色 …… 7
   上体为蓝和白色 …… 灰蓝山雀 *Parus cyanus*
7. 下体纯黄 …… 台湾黄山雀 *P. holsti*
   下体非纯黄色 …… 8
8. 翅上有白斑二道；背黄绿色 …… 绿背山雀 *P. monticolus*
   翅上无白斑二道；背羽主要为灰或褐色 …… 9
9. 头顶呈辉蓝黑色；背羽和腰羽灰色（上背或沾绿色） …… 大山雀 *P. major*
   头顶呈辉黑色；背羽和腰羽橄榄褐色 …… 沼泽山雀 *P. palustris*
   头顶为黯淡的黑色；背羽与腰羽沙褐色 …… 褐头山雀 *P. montanus*

10. 头具羽冠 …… 11
头无羽冠 …… 13
11. 翼上覆羽具有对称的白斑 …… 煤山雀 *P. ater*
翼上覆羽无白斑 …… 12
12. 头顶和后颈黑褐色；颏和喉均黑 …… 黑冠山雀 *P. rubidiventris*
上体大都褐灰色；颏和喉均黄灰色 …… 褐冠山雀 *P. dichrous*
13. 嘴特短，仅为 5 毫米；下体淡灰绿色 …… 黄眉林雀 *Sylviparus modestus*
嘴形较长；喉黑 …… 14
14. 腹纯黄色 …… 黄腹山雀 *Parus venustulus*
腹栗棕色 …… 15
15. 背棕栗色 …… 杂色山雀 *P. varius*
背不为棕栗色 …… 16
16. 体形较大；眉纹白；颊浅棕色 …… 白眉山雀 *P. superciliosus*
体形较小；无眉纹；颊白色 …… 红腹山雀 *P. davidi*
17. 翅长不及 90 毫米 …… 黄颊山雀 *P. xanthogenys*
翅长超过 100 毫米 …… 冕雀 *Melanochlora sultanea*

鸸科　Sittidae

1. 上体纯蓝灰色 …… 2
头顶黑；上体灰蓝色 …… 5
额黑；上体纯紫蓝色 …… 绒额鸸 *Sitta frontalis*
2. 中央一对尾羽的基部白色 …… 白尾鸸 *S. himalayensis*
中央一对尾羽纯色，并无白色 …… 3
3. 尾下覆羽白色，而具栗端 …… 4
尾下覆羽栗色，而具白端 …… 巨鸸 *S. magna*
4. 下体栗色 …… 栗腹鸸 *S. castanea*
下体白或淡棕色 …… 普通鸸 *S. europaea*
5. 眉纹白色 …… 黑头鸸 *S. villosa*
无眉纹 …… 白脸鸸 *S. Teucopsis*

旋木雀科　Certhiidae

1. 尾具横斑 …… 高山旋木雀 *Certhia himalayana*
尾上横斑不显著或缺如 …… 2
2. 颏、喉及胸均白；尾下覆羽棕褐色 …… 普通旋木雀 *C. familiar*
下体土褐色 …… 褐喉旋木雀 *C. discolor*

啄花鸟科　Dicaeidae

1. 翅具 10 枚初级飞羽，其第一枚甚短小 …… 黄腹啄花鸟 *D. melanozantha*
翅具 9 枚初级飞羽，其第一枚长达翼端 …… 2
2. 上体赤红色（♀仅腰部赤红） …… 朱背啄花鸟 *D. cruentatum*
上体非赤红色 …… 3

3. 下体具纵纹 ………………………………………… 黄肛啄花鸟 *D. chrysorrheum*
   下体不具横纹 ………………………………………………………………… 4
4. 胸具红斑 ………………………………………………… 红胸啄花鸟 *D. ignipeclus*
   胸无红斑 ………………………………………………… 纯色啄花鸟 *D. concolor*

太阳鸟科　Noctariniidao

1. 上下嘴近端 1/3 部的嘴缘呈细锯齿状 ……………………………………… 2
   嘴缘无锯齿 ………………………………… 紫颊太阳鸟 *Anthreptes singalensis*
2. 两性异色；雄鸟局部羽色有金属反光 ……………………………………… 3
   两性同色；体羽无金属反光 ……………………………………………… 9
3. 下嘴向下曲 ………………………………………………………………… 4
   下嘴形直或几乎如此 …………………………………………………… 8
4. 颏和喉红色 ……………………………………………………………… 5
   颏和喉非红色 …………………………………………………………… 6
5. 背为红色 ……………………………………………… 黄腰太阳鸟 *A. siparaja*
   背非红色 ……………………………………………… 叉尾太阳鸟 *A. christinae*
6. 中央尾羽红色 ………………………………………… 火尾太阳鸟 *A. ignicauda*
   中央尾羽绿色 ………………………………………… 绿喉太阳鸟 *A. nipalensis*
   中央尾羽蓝色 …………………………………………………………… 7
7. 喉紫蓝或淡紫色；腹黄色 ……………………………… 蓝喉太阳鸟 *A. gouldii*
   喉与胸均黑；腹绿灰色 ………………………………… 黑胸太阳鸟 *A. saturta*
8. 下体具纵纹；雄鸟无胸侧羽束…………………… 蓝枕花蜜鸟 *N. hypogrammica*
   下体无纵纹；雄鸟胸侧具鲜黄色羽束 ………………… 黄腹花蜜鸟 *N. jugularis*
9. 下体淡黄色，而具纵纹 ……………………… 纹背捕蛛鸟 *Arachnothena magna*
   颏与喉灰白；下体余部黄色 …………………………… 小捕蛛鸟 *A. longirostris*

绣眼鸟科　Zosteropidae

1. 胁为红色 …………………………………………… 红胁绣眼鸟 *Z. crythropleura*
   胁不为红色 ……………………………………………………………… 2
2. 颏和喉金属黄色 ……………………………………… 灰腹绣眼鸟 *Z. palpebrasa*
   颏和喉淡绿黄色 ……………………………………… 暗绿绣眼鸟 *Z. japonica*

文鸟科　Ploceidae

1. 初级飞羽九枚 …………………………………………………………… 7
   初级飞羽十枚 …………………………………………………………… 2
2. 第一枚飞羽长，超过大覆翼 ………………………………………………… 3
   第一枚飞羽短，不超过大覆翼 ……………………………………………… 4
3. 胸黄色，无纵纹 ……………………………… 黄胸织布鸟 *Ploceus philippinus*
   胸暗黄而有黑色纵纹 ……………………………………… 纹胸织布鸟 *P. manyar*
4. 中央尾羽形狭而端尖 ……………………………………………………… 5
   中央尾羽形阔而端稍圆 ………………………………… 红梅花雀 *Estrilda amandava*

5. 尾呈圆尾状；头顶黑，与背异色 ………………………… 栗腹文鸟 *Lonchura malacca*
尾呈楔尾状；头顶与背同色 …………………………………………………………… 6
6. 腰白 …………………………………………………………………… 白腰文鸟 *L. striata*
腰无白色 ………………………………………………………………… 斑文鸟 *L. punctulata*
7. 飞羽外缘贯以二道淡色横斑 ………………………………………………………… 8
飞羽外缘无二道淡色横斑 …………………………………………………………… 12
8. 胸具黄斑；尾具白斑 ………………………………………… 石雀 *Petronia petronia*
胸无黄斑；尾无白斑 ………………………………………………………………… 9
9. 头顶灰色 ………………………………………… 家麻雀 *Passer domesticus*（♂）
头顶黑色 ………………………………………… 西域麻雀 *P. ammodendri*（♂）
头顶红褐色 …………………………………………………………………………… 10
10. 胸黑色 ………………………………………… 黑胸麻雀 *P. hispaniolensis*（♂）
胸非黑色 ……………………………………………………………………………… 11
11. 耳羽有黑色块斑 ……………………………………………【树】麻雀 *P. montanus*
耳羽无黑色块斑……………………………………………………… 山麻雀 *P. rutilans*
12. 眼先灰或褐色 ………………………………………………………………………… 13
眼先黑色 ……………………………………………………………………………… 14
13. 翼上覆羽白色 ……………………………… 白斑翅雪雀 *Montifringilla nivalis*
翼上覆羽褐色而具白端……………………………………………… 褐翅雪雀 *M. adamsi*
14. 喉黑 …………………………………………………………… 棕背雪雀 *M. blanfordi*
喉白 …………………………………………………………………………………… 15
15. 颈侧棕色 ……………………………………………………… 棕颈雪雀 *M. ruficollis*
颈侧无棕色 …………………………………………………… 白腰雪雀 *M. taczanowskii*

雀科 Fringillidae

1. 嘴甚强厚；上嘴后伸至骨质眼眶前缘之后；下嘴的底缘几为直线
……………………………………………………………… 锡嘴雀亚科 *Coccothraustinae*
嘴不太强厚；上嘴不伸至骨质眼眶前缘之后 ………………………………………… 2
2. 下嘴的底缘稍曲向上；上下嘴的嘴缘互相紧接 ……………… 雀亚科 *Fringillinne*
下嘴的底缘甚曲；上下嘴的嘴缘并不处处接触，因而形成间隙 … 鹀亚科 *Emberizinae*

锡嘴雀亚科 Coccothraustinae

3. 上嘴的嘴缘在近口角处不具缺刻或波状曲 ………………………………………… 2
上嘴的嘴缘在近口角处具有缺刻或波状曲 ………………………………………… 4
4. 内侧初级飞羽和外侧次级飞羽的羽端呈方形或波状 ……… 锡嘴雀 *Coccothraustes*
内侧初级飞羽和外侧次级飞羽的羽端不呈方形或波状 ……………………………… 3
5. 翅长于110毫米；初级飞羽的先端暗色；翼下覆羽和腋羽白色 … 黑头蜡嘴雀 *Eophona*
翅短于110毫米；初级飞羽的先端白色；翼下覆羽和腋羽暗色
……………………………………………………………… 黑尾蜡嘴雀 *E. migratoria*
6. 尾长不及80毫米，并呈叉尾状 ………… 斑翅拟蜡嘴雀 *Mycerobas melanozanthos*

尾长超过 80 毫米，并呈方尾状 ………………………………………………………… 5

7. 翅黑，无白斑 ………………………………………… 黑翅拟蜡嘴雀 *M. affinis*

翅具一大白斑………………………………………… 白翅拟蜡嘴雀 *M. carnipes*

雀亚科　Fringillinae

1. 初级飞羽 10 枚 ……………………………………… 朱鹀 *Urocynchramus pylzowv*

初级飞羽 9 枚 ……………………………………………………………………… 2

2. 上下嘴先端交叉 ………………………………………………… 交嘴雀属 *Laxia*

上下嘴先端不交叉 ……………………………………………………………… 3

3. 上嘴先端向侧方下曲 ………………………………………… 松雀属 *Pinicola*

上嘴先端不向侧方下曲 ………………………………………………………… 4

4. 腰白……………………………………………………………… 灰雀属 *Pyrrhula*

腰非白 ……………………………………………………………………………… 5

5. 内侧次级飞羽的翈白色………………………………… 黑雀属 *Pyrrhoplectes*

内侧次级飞羽的内翈不为白色 ………………………………………………… 6

6. 头主要暗红色，头顶具黑点；喉具白点 ……………… 藏雀 *Kozlowia roborowskii*

无此特征 …………………………………………………………………………… 7

7. 两性相似；体羽主为黄色，额赤金色；嘴小而膨胀，嘴峰很弯曲…… 丝雀属 *Serinus*

两性相似或不同；体羽具有黄或红色斑；嘴短直而尖，呈短圆锥状，上嘴缘向内侧弯曲 ……………………………………………………… 金翅属 *Carduelis*

两性不同；雄鸟上面呈赤红色或粉红色，雌者主为褐或绿色；嘴一般短厚，嘴峰曲…… 8

两性不同；体羽主要为褐色 ……………………………………………………… 13

8. 尾较翅长 …………………………………………………… 长尾雀属 *Uragus*

尾较翅短 …………………………………………………………………………… 9

9. 外侧尾羽无白色 ………………………………………………………………… 10

外侧尾翅有白斑 ……………………………………………… 沙雀属 *Rhodopechys*

10. 翅与尾端相距，不及跗跖的长度 ……………………………………………… 11

翅与尾端相距，超过跗跖的长度 ……………………………………………… 12

11. 鼻孔裸出……………………………………………… 血雀属 *Haematospiza*

鼻孔被须 ………………………………… 漠雀 *Rhodopechys githagineus*

12. 雄鸟的胸和腹异色…………………………………… 原雀属 *Propyrrhula*

雄鸟的胸和腹同色（除同一种外） ………………… 朱雀属 *Carpodacus*

13. 胸沾红色；嘴长而直 ………………………………………… 燕雀属 *Fringilla*

胸无红色；嘴后而曲 ………………………………………… 岭雀属 *Lecucosticte*

朱雀属　Carpodacus（♂）

1. 胸与腹异色 ……………………………………………… 红胸朱雀 *C. puniceus*

胸与腹同色 ………………………………………………………………………… 2

2. 无眉斑 ……………………………………………………………………………… 3

有眉斑 ……………………………………………………………………………… 6

3. 额和喉具珠白色点斑 ………………………………………… 北朱雀 *C. Roseus*
额和喉无珠白色点斑 ………………………………………………… 4
4. 翅长超过 100 毫米 ………………………………………………… 5
翅长不及 90 毫米 ………………………………………… 普通朱雀 *C. Erythinus*
5. 头侧和耳羽赤红色 ………………………………………… 拟大朱雀 *C. Rubicilloides*
头侧和耳羽粉红色 ………………………………………… 大朱雀 *C. Rubicilla*
6. 嘴较细长，嘴峰直 ………………………………………………… 7
嘴较短厚，嘴峰曲 ………………………………………………… 8
7. 前额和眉纹均与头顶异色 ………………………………… 暗色朱雀 *C. Nipalensis*
前额和头顶同色 ………………………………………… 赤朱雀 *C. rubescens*
8. 头顶具宽阔近黑色纵纹 ………………………………………… 9
头顶纯色；或仅具暗色细纹 ………………………………………… 10
9. 前额和眉呈淡玫瑰红色，而具白色条纹 ……………………… 白眉朱雀 *C. Thura*
前额和眉呈淡玫瑰红色和褐色；不具白色条纹………… 红眉朱雀 *C. Pulcherrimus*
10. 腰羽呈玫瑰红色，与背羽不同 ………………………………… 11
腰羽与背羽不为异色 ………………………………………… 棕朱雀 *C. edwardsi*
11. 背羽纯为深赤红色 ………………………………………………… 12
背羽赤褐色，而具玫瑰色纵纹 ……………………………… 点翅朱雀 *C. rhodopeplus*
12. 翅长超过 90 毫米 ………………………………………… 红腰朱雀 *C. Rhodochlamys*
翅长不及 90 毫米 ………………………………………… 酒红朱雀 *C. Vinaceus*

鹀亚科 Emberizinao

1. 头无羽冠 ………………………………………………………… 2
头有显著羽冠 ………………………………………… 凤头雀属 *Melophus*
2. 后爪较后趾长……………………………………………… 铁爪鹀属 *Calcarius*
后爪不较后趾长 ………………………………………………… 3
3. 翅较尾长，二者相差超过嘴峰的长度 ……………………… 雪鹀属 *Plectrophenax*
翅较尾长，但不超过嘴峰的长度 …………………………………… 鹀属 *Emberiza*

鹀属 *Emberiza*

1. 体侧具有显著黑色条纹 ………………………………………… 2
体侧纯色，或仅具细小条纹 ………………………………………… 15
2. 腹面呈有黄色 ………………………………………………… 3
腹面不呈黄色 ………………………………………………… 7
3. 腰呈红色 ………………………………………………………… 4
腰非红色 ………………………………………………………… 5
4. 胸前具一栗色带斑（♂）；胸具有纵纹（♀） ……………………… 栗鹀 *E. Rutila*
自颏至上胸纯深栗色（♂）；胸不具纵纹（♀） …………… 黄胸鹀 *E. Aurcola*
5. 喉与胸具有纵纹 ………………………………… 灰头鹀 *E. Spodocophala*（♀）
喉与胸不具纵纹 ………………………………………………… 6

6. 头绿灰；喉非黄色 ………………………………… 灰头鹀 *E. spodocephala*（♂）
头顶黑或红褐，而具黑色条纹；喉黄 ………………………… 黄喉鹀 *E. elegans*
7. 胸具显著纵纹 ………………………………………………………………… 8
胸部不具纵纹 ………………………………………………………………… 12
8. 耳羽赤色 ……………………………………………………………………… 9
耳羽褐色 ……………………………………………………………………… 11
9. 喉赤色 ……………………………………………………………… 小鹀 *E. Pusilla*
喉近白色 ……………………………………………………………………… 10
10. 胸和体侧栗色，后者更具黑纹 ……………………………… 赤胸鹀 *E. fucala*
胸和体侧近白色，而杂以黑纹 ………………………… 芦鹀 *E. Schoenicus*（♀）
11. 眉纹黄色 ……………………………………………………………… 黄眉鹀
眉纹非黄色 …………………………………………………… 田鹀 *E. Rustica*
12. 眉纹白色 ……………………………………………………… 白眉鹀 *E. Tristrami*
不具眉纹 ……………………………………………………………………… 13
13. 小覆羽栗色 …………………………………………… 芦鹀 *E. Schoenicus*（♂）
小覆羽灰色 ……………………………………………………………………… 14
14. 后颈有白领；腰和尾上覆羽均灰；肩羽黑而外㗂白 ……………… 苇鹀 *E. Pallasi*
后颈有棕领；腰和尾上覆羽均沙棕色；肩羽也同 ………… 红颈苇鹀 *E. Yessosnsis*
15. 头顶灰蓝，两侧有暗色纵带；喉蓝灰色 ………………………… 灰眉岩鹀 *E. Cia*
头顶暗褐，两侧有栗色纵带；喉白色 ………………………… 三道眉草鹀 *E. Cioides*

附　　录

附录1　怎样使用检索表

鉴定动物种类的目的，就是确定它属于哪一科，哪一种，找出它的正确名称。每一种动物都具有它们某些或独有的特征，而这些特征能使它和其他动物区别开来。把各种动物各种各样的特征汇集起来，用以鉴别动物名称的表，叫作检索表。检索表的形式通常都是条文式的。表中为鉴定者选择两种相互对立的情况中的一种。所有的条文都依照次序编成号码；如果不适合这一条，那么就应该查相对的一条。

鉴定时，先要找出动物所属的目或科或属；找出该目、科或属的检索表后，查看其中的第1条文和并列的条文。从这两个条文中，选出其特征和所要鉴定的鸟的特征相同的条文。如果条文的后边有鸟的名称，那么检索表就在此结束。如果条文的后边没有鸟名，而是一个号码，那么就找出这个标号的条文，继续顺序往下查对。例如：

1. 翅上有斑 …………………………………………………………………… 2
   翅上无斑 …………………………………………………………………… 17
2. 第6枚初级飞羽的外翈不具切刻 ……………………………………… 极北柳莺
   第6枚初级飞羽的外翈有切刻 ……………………………………………… 3

如果被检索的柳莺翼上有斑，显然，这个鸟就应当选择第1条，看到后边有2字，就再查第二条；如果柳莺翼上没有斑，那么，这个鸟就属于第1条中并列的另一条，然后，依序查第17条。

以同样的方法往下进行检索，也就是始终选择两种相反情况中的一种，然后依序改查所选定条文后边所指定的条文。这样进行检索，一直到选择的条文后边有正要找寻的鸟名为止。有时，查到的不一定就是这个鸟本身的名称，而是它所属的科或属的名称，那就要找出这个科或属的检索表，以同样的方式进行检索。

在检索时，应当遵守下列原则：

(1) 任何表都要从第1条开始检索，然后再逐条依序进行，不得从检索表中任选一种条文开始，即使这些条文中所列举的特征与被检索的鸟的特征相符合也不行。如果这样做，就容易得出错误的结果，检索出不正确的鸟名。

（2）经常读两条并列的条文，甚至已经查到被检索的鸟的特征已符合条文中的第 1 条也还必须读并列的条文，因为这一对条文所列举的并不一定是相反的特征，而仅仅是某个差异。这样做可以避免无意间导致的差错，也就可以避免由单看其一方面的检索而可能产生的错误，例如“头顶深灰色”或“头顶色泽较淡”等。

（3）找到鸟名以后，参阅有关该种的形态特征的描述，如果这种鸟与所描述的鸟的羽色、大小或其他特征不相符合，那就应该重新进行检索，直到找到正确的答案为止。

附录2　鸟体外部形态所用的术语

鸟体的外部形态，可分部加以说明（图附-1）。

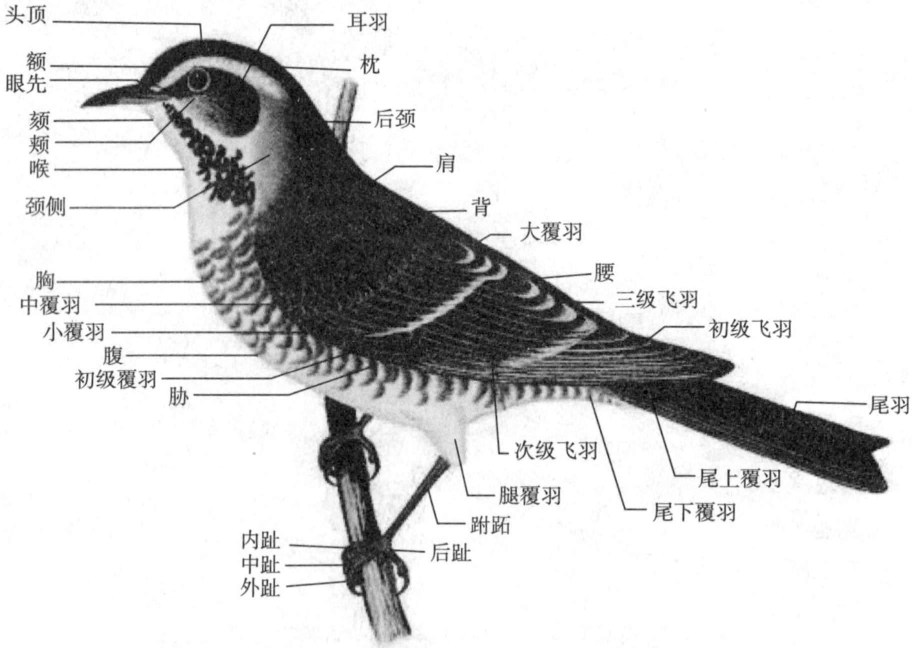

图附-1　鸟体的外部形态及名称图

1. 头部　上面（自前而后）：额、头顶与枕；
侧面：眼先、围眼、颊与耳羽；
下面：颏（有时包括颈的一部）。

2. 颈部　上面：后颈，或更分为项（上颈）与下颈；
侧面：颈侧；
下面：喉，包括颈（上喉）与下喉。

3. 躯干　上面：背与腰，背更分为上背（肩间部）与下背；
侧面：胸侧、胁；
下面：胸（包括上胸与下胸）、腹、肛周。

4. 翼　飞羽：初级飞羽、次级飞羽与三级飞羽等；
覆羽：（位于翼的表里两面）：初级覆羽、次级覆羽（更分为大、中、小等三种）；
小翼羽（位近翼角处）；

腋羽（位于翼基之下）。

鸟翅结构图如图附-2所示。

5. 脚　股、胫、跗跖及趾等。

6. 尾　尾羽，包括中央尾羽与外侧尾羽；尾上覆羽与尾下覆羽。

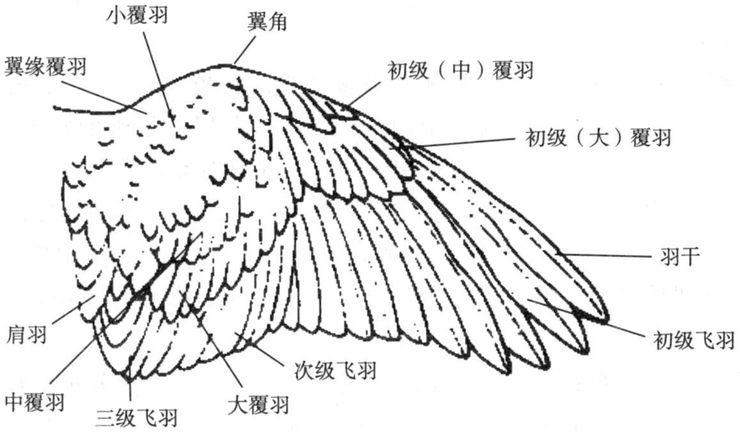

图附-2　鸟翅结构图

附录3 鸟类野外工作提纲

在野外进行鸟类调查时，所使用的具体方法已经在前文说过，现在把一般野外采集调查中各项工作的具体安排，拟定为下列提纲，以供参考。

(1) 鸟类栖息环境的调查分析。对机场及周边地理位置（经纬度）、海拔、气候、地貌、植被、林型、水文、土壤、河流、湿地、滩涂、海岛以及景观的水平和垂直变化等，进行综合性调查，并在调查的基础上进行初步分析，划分出具有代表性的主要景观区。

(2) 鸟类区系的组成数量统计。①普遍采集区内的鸟类，一般种类以10～20个为准（一般雌雄鸟约各10只）。为了保护鸟类资源，若无特别需要，不应追求更多的数量。如有摄像机、数码相机等辅助条件，应在野外进行初步鉴定。②用样方统计或路线统计法，分析出区内的优势种。

(3) 优势种的生态学观察。①个性生态：包括生活习性、食性分析、繁殖习性、迁徙等。同时，应保存所采标本的嗉囊、胃以及生殖腺等，以供检查（若保存困难，可在现场检查）。②群落生态：重点观察各优势种及其与优势种有密切关系的种类（包括天敌、寄生虫等）的栖居类型、种群的组成与密度以及各优势种对环境的影响，尤其要特别注意观察各优势种与人类经济活动的益害关系，如鸟类优势种对机场飞行安全的危害等。

(4) 对飞行安全威胁较高的种类及经济种类的生态学观察。除优势种以外，凡对飞行安全构成严重威胁的种类和可能构成飞行安全的种类，特别是本地区的特有种和珍贵种类，均依上列第3项进行观察，尤其是关于它们的数量和分布方面的情况。这方面的观察越仔细越好，特别是要详细掌握过境机场鸟的种类、数量、飞行高度、速度、集群量等信息。

(5) 通过上列各项，尤其是（3）（4）两项工作，并通过群众性访问和座谈，整理并总结出如何对飞行安全危害较大的种类进行防范控制，如何对有益或有用种类予以保护和利用的资料，依据科学理论提出具体措施和建议，供机场驱鸟部门和当地鸟类禽流感防控部门制定防治措施时参考；同时，为动物区划和自然资源的保护与利用的划定，提供基本资料和可靠的根据。

附录4 《民用机场鸟情调查操作规程（试行）》

为了加强民用机场及周边地区鸟击防治工作，进一步规范民用机场及周边地区鸟情调查技术要求，确保做好鸟情基础调查工作，根据国家林业局《全国陆生野生动物普查工作大纲》《全国陆生野生动物资源调查与监测技术规程》和《全国陆生野生动物资源调查方法》等，拟制定本规程。

一、调查目的

通过机场鸟情调查，切实掌握机场及周边地区（以跑道边线为基准，向外延伸5km，以下同），吸引鸟类活动的综合因素；掌握该地区鸟的种类、数量、分布、活动规律，以及威胁飞行安全的鸟类等情况；完善民用机场及周边地区鸟害防治信息系统，不断完善民用机场鸟情信息数据库，为鸟情预测预报打下坚实的基础；制定有效的鸟击防治措施，提出机场及周边地区鸟类活动环境综合治理的建议和方法，科学指导鸟击灾害防治工作，减控鸟击灾害的发生率。

二、内容及要求

（一）普查基本内容

1. 自然概况

地理位置、地质地貌、气候特点、植被状况、村庄、农田作物和耕作制度及其他野生动植物的基本情况。

2. 机场及周边地区5km范围内的生态环境、鸟类区系组成及其种群数量动态变化等

（1）机场及周边地区生态环境状况

机场及周边地区的树林、林地、水体、农田、野生植物、山区、丘陵、养殖场、垃圾场、屠宰场及居民区等。

（2）机场及周边地区鸟类区系组成及特点

（3）机场及周边地区鸟类种群数量动态分析

鸟类迁徙规律、活动规律及集群、扩散特征等。

（4）机场及其周边地区鸟类分布

机场内场区及周边地区鸟类分布及其特点。

3. 机场及其周边地区常见鸟类的行为特征

（1）常见鸟类的生态环境选择

土质道面草坪、机窝、附近林地、农田、养殖场、垃圾堆、河流、湿地等。

（2）常见鸟类的生态行动范围

鸟类的活动范围、高度、集群地活动规律及跑道区鸟类的活动范围、机场内场区鸟类飞行录像分析等。

(3) 常见鸟类的觅食和繁殖

机场内场区常见鸟类觅食聚集区、觅食种类、鸟类繁殖地。

(4) 鸟类活动对机场飞行安全的影响

鸟击在内场区多发时段、飞行高度及多发地段。

(5) 对飞行构成威胁的鸟类统计分析

统计表格式详见附件1。

4. 机场及周边地区吸引鸟类的主要因素

(1) 植被类型

机场及周边地区森林、灌丛、草地、果园、油料、谷物类农作物及水生生物和人工栽培树木等。

(2) 野生动植物

机场及其周边地区鼠类、兔、蝙蝠、蚯蚓、昆虫、蜗牛、鱼类、两栖类及陆生水生动物等。

(3) 水体

机场内场区及周边地区的各种水体。如消防水池、水库、水塘、河流、湿地以及滩涂沼泽等。

(4) 人类活动

机场及其周边地区农业耕作制度、垃圾堆、屠宰场、养殖场(特别要查清家鸽饲养户的情况)、放牧场等。

(二) 调查要求

(1) 根据目前民用机场鸟击灾害综合防治人员的技术现状，各机场可以聘请当地科研院校的鸟类专家或专业人员，共同进行为期一年的鸟情调查工作。

(2) 将调查数据及相关资料录入到机场鸟害防治信息系统的软件上(民航统一开发的软件安装系统)，建立机场鸟情信息库，为鸟情预测预报提供基础资料。

(3) 绘制机场及其周边地区吸引鸟类的生境类型分布图、机场内场区鸟类分布及活动路线图、机场周边鸟类分布和活动区域图。示意图应标示清楚机场周围5km范围内主要威胁飞行安全的鸟类分布情况和吸引鸟类活动的环境因素，并结合鸟类图片加以说明。

(4) 对以往发生鸟击事件和征候情况进行统计、分析。统计内容包括发生鸟击的时间、地点、机型、撞击部位及直接和间接损失情况等。分析内容包括鸟击的时间、高度、地域、环境等特点和规律。鸟击事件统计表格式详见附件2。

(5) 根据调查结果，提出机场鸟击综合治理的措施和方法。

(6) 保留原始观测数据资料，并向上级管理部门递交书面报告。

(7) 人员培训，在调查鸟情的同时，通过专家、专业人员培训一线驱鸟员，培训的内容包括调查方法；野外如何识别鸟类、昆虫、植物等；讲解鸟类的习性食物、繁殖等活动规律；不同鸟类的有效驱赶、鼠类、昆虫、蚯蚓及其他有害生物的灭杀技术；调查工具的使用、维修等应用技术。

三、调查方法

(一) 机场鸟情调查

1. 调查样点及样线设置

根据机场地区的地形地貌、植被等自然环境的特征，并考虑机场跑道的走向，结合调查的人力物力状况，在机场跑道、集中起降区、场区设置主要观察点和辅助观察点。在机场外 5km 范围内设置数条调查样线，进行样线调查。设置样线时应考虑尽可能将机场周围 5km 范围内鸟的种类、数量调查准确，所设样线必须选择有代表性的地形地貌及自然植物和湿地、农田，且保证每个调查的样线在设置时不重复。

2. 调查方法

(1) 样点调查法

在机场内场区设 2～4 个调查样点，跑道两端设置 1～2 个，中间增设 1～2 个，具体可根据机场大小而定。定点观察跑道两侧鸟类的种类，记录其数量、距跑道中心线的距离、活动范围、飞行高度及集群地等。鸟类迁徙季节的样点调查尽可能进行全天候的连续观察，夏、冬季节做 2～3 次全天候观察即可。同时，对机场鸟网捕获、鸣枪驱赶致伤（死）的个体及跑道上收集的鸟类残骸进行鉴定，以补充鸟情调查的结果。

(2) 样线调查法

机场外 5km 锥形面内，采用样线调查法。在样线观察统计过程中，随时观察远处的鸟类及其活动状况，并有选择地拍摄有代表性鸟种及栖息生态环境、行为特征等。样线调查法的具体要求：

① 行走速度。在进行样线法调查时，行走速度一般规定为 0.5～1km/h，样线生境复杂的走得慢，样线生境比简单的行走快一些。样线长度根据行走速度和进行鸟类数量研究的最佳时间具体确定。

② 样线宽度。理想的样线宽度是所有的鸟都在能被发现的范围内。在森林或高秆农作物环境中，一般是样线每侧 25m，而开阔地每侧在 50m 左右（注：实际样线宽度根据实地而定）。

③ 样线长度。理论样线应是直样线，每一样线应该经过典型的栖息地或生态环境。每一种栖息地或环境一般需要 1km 或更长的直形样线。样线调查法的抽样强度应不小于总面积的 20%。

④ 数据记录。记录样线两侧特定宽度内的鸟类个体数（包括见到的和听到的）。行走中的观察人员只有在记录时才能停下来。记录内容：种名、数量、所见鸟类距离调查线路中心线的垂直距离等。此外，在记录数量时，一般在样线宽度内由前向后飞的计数，由后向前飞的不计数。

3. 鸟类标本采集

在调查过程中，如遇到不认识的鸟种，可以采取以下方法进行标本采集：

(1) 枪击法

枪击法是采集鸟类最常用的方法。用装有散弹的猎枪，对各种不认识的鸟类进行猎杀。此法的优点是能有目标地采集各种状态（包括正在飞行）下的鸟类，且成功率高，不受地理条件的限制。缺点是在近距离内易将鸟体打烂，枪在使用中或多或少存在不安全因素。在机场内场区采用此法时，应特别注意安全。在标本采集过程中，严禁猎杀国家级保护动物。如在内场区误伤国家保护动物，应及时救助和保护。

（2）网捕法

网捕法是一种较常见的捕鸟法。捕鸟网的大小规格及网眼大小，视准备捕捉对象的大小而定。做法是将透明尼龙丝织成的网，垂直地架设于灌丛、树林间，用人力驱赶或使用笼鸟引诱，使鸟撞入设置的网中，无法逃脱而就擒。使用中应尽量保护鸟类资源，可将多余的鸟类直接放飞或交给动物部门择地放飞。

（3）诱捕法

诱捕法通常利用鸟类在繁殖期间，有占区和争夺配偶的习性，而进行诱捕。有些地区的猎人将人工驯养的雉鸡等各种野禽（或用雉鸡等鸟类的标本）作为“媒鸟”，去引诱野生鸟进入猎人事先布置好的笼子、鸟网、圈套或陷阱中；也有模仿鸣禽的叫声进行诱捕的。这种方法所需人力少，且所捕的大多为进入繁殖年龄的雄鸟。不足之处是运用此法时必须要有一定的条件，需相当丰富的经验，而且捕鸟种类比较单一。

（4）拍摄法

利用数码相机或摄像机对不认识的鸟类进行拍摄记录，然后，请鸟类专家或专业人员对记录的照片或视频进行鸟种的鉴定。

（5）其他方法

采集鸟类的方法，还有胶粘法、罩扣法、陷阱法、电击法等多种，因操作时受多种因素限制，捕捉效果不理想，故不作阐述。特别要指出的是，我们采集标本的活动，必须有计划、有目标地进行，坚决杜绝那些无节制的毁灭性的采集方法，诸如放置毒饵，夜间结群轰赶，或是掏窝取卵、在鸟类繁殖期间滥捕乱猎等行为。

机场及周边地区鸟情调查表格式详见附件3、附件4。

（二）对飞行有较大威胁的鸟种进行调查

（1）观察对飞行有较大影响的鸟类在机场及周边地区的活动规律及生活特点，并进行详细的调查，作出定性与定量的描述。

（2）记录这些鸟类的分布区域、生态类型、活动范围、飞行高度、过境机场的路线及其集群地和扩散区域等。

（3）采取拍照、摄像、录音等现代技术手段，记录鸟类营巢、觅食、休息、夜栖等行为特征。

（三）植被调查

1. 机场内场区植被调查

对机场内场区草地植被的调查分别在每个季节（以春、夏、秋三季为主）进行，采取样方调查的方法进行2次系统调查。样方面积1m×1m，调查样方15个以上，记录样方中植物的种类、高度、面积等项目。除样方外，用样线踏查法作为样方的补充。当植被调查资料不足时，可查阅相关文献（以当地农林部门调查的资料为主）作为野外调查的补充。

2. 机场外周边地区植被调查

机场及周边地区的环境比较复杂，植被调查往往涉及树林、草地、水生植物、湿地植物、农田等，调查人员首先应勘查清楚机场周围的植被环境类型，进行分类和定位，绘出草图，便于开展对每一种植物类型的详细调查。

机场植被调查表格式详见附件 5。

（四）昆虫调查

昆虫作为鸟类的重要食物源，吸引了大量鸟类，直接和间接地对飞行构成了严重威胁。昆虫是地球上种类和数量最多的物种，调查方法也多种多样。在生态调查中，对成虫的调查方法有直接搜寻法、敲打捕获法、搜捕网法、水捕器法、阻断飞翔捕获器法、黑光灯捕获法、糖液捕获法、诱饵捕获法、陷坑捕获器法等等。根据机场的实际情况，下面主要介绍网捕样方方法。

网捕样方法：此方法主要适用于调查机场草坪内出现的昆虫。在夏季中午时分，采用样线调查法，由机场的一端走向另一端，手持昆虫网（网口直径通常为 33cm），以固定的力度、幅度扫过地面植被，连续 5 次，收集网内的昆虫后，用杀虫剂等将其熏杀，倾倒在白纸上，统计昆虫的种类和数量；然后，将样方（1m×1m）内的昆虫存入 70%的酒精中保存。一个样方完成后，再隔 100m 统计下一个样方内的昆虫，一直将机场草坪全部调查完。

根据不同的地域可以选择不同的调查方法，春、夏、秋三季（长江以北各省、市、自治区、直辖市，冬季无须每月进行调查）要求每月至少调查 2 次。

机场昆虫调查表格式详见附件 6。

（五）土壤动物调查

固定样方调查：

每个季节进行 1～2 次。采用样方法调查土壤动物的情况。在飞行区跑道两端和两侧各取 5 个样方和 10 个样方，样方大小为 50cm×50cm，取样深度为 15～20cm，样方间距为 100～200m。

取样时，先将 50cm×50cm 区域中植被的地上部分去除，再用铲子挖出土块，过 5mm 孔径的筛子，拣取大型土壤动物，分样方进行鉴定、计数。

机场土壤动物调查表格式详见附件 6。

（六）鱼类调查

在每年的春、夏、秋三季进行调查，采取分段调查。采用抄网、钓钩、诱网、诱瓶及截流淘干捕获等方法采集标本，将捕获的鱼分别进行鉴定分类，并估计其数量等。

（七）数据处理分析

（1）样线调查法的密度计算公式：

$$D=\frac{N}{2LW}$$

式中，D 为鸟类密度；N 为在 W 宽度内所记录鸟类的数量；L 为样线长度；W 为样线单边宽度。

在计算多次调查所得的结果时，在大部分的情况下，调查统计时只需求其平均数即可。

（2）群落多样性（H）、均匀性（E）指数的测定采用 Shannon-wiener 信息论公式：

$$H=-\sum(P_i)(\ln P_i)$$

$$E=H/H_{max}$$

$$H_{max}=\ln S$$

式中，P_i 为群落中第 i 种个体总数占总个体数的比例；S 为种数。

四、鸟情综合调查报告格式要求

第一章　机场概况

一、自然概况

1. 地理位置
2. 地质地貌
3. 气候特点
4. 植被状况
5. 村庄、农田作物

二、野生动物情况

第二章　调查方法

第三章　机场及周边地区的生态环境、鸟类区系组成及其种群数量动态

一、机场及周边生态环境状况

树林、林地、水体、农作物等

二、机场地区鸟类区系组成及特点

三、机场地区鸟类种群数量动态分析

四、机场及周边地区鸟类分布

机场周边地区鸟类分布及其特点、机场内场区鸟类分布及其特征等。

第四章　机场及其周边地区重点鸟类的行为特征

一、鸟类的生态环境选择

土质道面草坪、机窝、附近林地、农区、垃圾堆等。

二、鸟类的飞行路线、高度、集群地及其活动规律

三、灯光区、跑道区及整个内场区上空鸟类的飞行路线，过境机场鸟类的飞行高度分析（包括春、秋两季迁徙鸟类过境信息、集群地等）等

四、鸟类的觅食和繁殖

机场及周边地区鸟类觅食集群区、鸟类繁殖地。

五、鸟类活动对机场飞行安全的影响

在内场区鸟击多发高度及周边地区鸟击多发地段。

六、机场地区对飞行有威胁的鸟类统计分析

第五章 机场及其周边地区吸引鸟类的主要因素

一、植被类型

森林、灌丛、草地、谷物类农作物等。

二、水体

机场内场区（消防池、进排水沟等）、外水体（河流、池塘、湿地及鱼类等水产品养殖场和水生植物栽培地等）。

三、野生动物

鼠类、兔、蚯蚓、昆虫、陆生贝类、两栖类、爬行类等。

四、人类活动

农业耕作、垃圾堆、屠宰场、养殖场等。

第六章 机场鸟击防治对策

一、机场野生动物控制策略

二、机场重点防范鸟类及防范区域

三、机场环境整治对策

四、其他鸟击防治措施

附录一 机场及周边地区吸引鸟类的生境分布图

附录二 机场内场区鸟类分布及活动路线图

附录三 机场及周边鸟类分布及活动区域图

附录四 机场常见鸟类危害等级图

附录五 原始鸟击数据统计

附件 1

鸟类对飞行构成威胁的等级评定

根据机场内场区所见鸟类集群大小、飞行方向及飞行高度和过境的时间等因素，结合飞机的起降航线及滑行路线，对机场内飞行安全构成潜在威胁的鸟类进行评定，主要考虑以下几个因素：

（1）常在机场滑行道、跑道及跑道延长线中心线两侧 50m 范围内栖息或觅食。

（2）在机场内的集群达 20～30 只。

（3）常低于 100m 高度横穿机场跑道及跑道中心线延长线。

（4）鸟类体型较大，体重一般在 100g 以上。

根据上述原则，对机场内出现的鸟类，只要符合其中之一，即为威胁飞行安全的危险鸟类。若调查中发现某鸟种在机场内的行为全部符合 1～4 项的为“I”级危险种类；若有两种情况发生，则确定为“Ⅱ”级危险种类；若只有一种情况发生，则确定为“Ⅲ”级危险种类。

对于已发生鸟击飞机事件记录的鸟类，直接确定为特别危险鸟种。

附件 2

鸟击事件统计表

航空公司：　　　　　　　　　　　　　　机场名称：　　　　　　　　　　　　　　年　月　日

<table>
<tr><td colspan="2">鸟击时间</td><td colspan="2"></td><td>降水情况</td><td></td></tr>
<tr><td colspan="2">天空云量</td><td colspan="2"></td><td>温度</td><td></td></tr>
<tr><td rowspan="6">飞机</td><td>型号编号</td><td colspan="2"></td><td>鸟击地点</td><td></td></tr>
<tr><td>执行航班</td><td colspan="2"></td><td>飞行高度</td><td></td></tr>
<tr><td>飞机状态</td><td colspan="2"></td><td>飞行速度</td><td></td></tr>
<tr><td>鸟击部位</td><td colspan="2"></td><td>受损部件</td><td></td></tr>
<tr><td colspan="2">对飞行的影响</td><td colspan="3"></td></tr>
<tr><td colspan="2">事先是否警示飞行员</td><td colspan="3"></td></tr>
<tr><td rowspan="2">鸟类</td><td>鸟的种类</td><td colspan="2"></td><td>鸟的大小</td><td></td></tr>
<tr><td>发现数量</td><td colspan="2"></td><td>鸟击数量</td><td></td></tr>
<tr><td>备注</td><td colspan="5"></td></tr>
</table>

填报单位：　　　　　　　　　　　　　　　　　　　　　　　　　　　填报人：

附件 3

机场鸟情调查表（机场内）

机场名称：	参加调查人员：
天气情况：	调查时间：
调查方法：样线法	

物种	数量	活动时间	活动区域	高度	集群地	行为	备注

附件 4

机场鸟情调查表（机场外）

机场名称：			参加调查人员：		
天气情况：			调查时间：		
调查方法：					
物种	数量	活动区域	高度	行为	备注

附件 5

机场植被调查表

序号	种类	生长周期	面积	高度	离机场距离	备注

机场名称：　　　　　　　　　　　　　　　　　　　调查时间：　　年　月　日

附件 6

机场昆虫（土壤动物）调查表

序号	种类	数量	活动范围	栖息环境	离机场距离	备注

附件 7

春季物候现象调查表

序号	植物名称	展叶初期	开花初期	结果初期

机场名称：　　　　　　　　　　调查人：

附录5 数码单反相机常用术语

● 35mm 全画幅

数码相机感光元件的一种尺寸规格，大约为 35mm×24mm（长宽比为 3∶2）。与过去 35mm 胶片相机（常称为 135 相机）的胶片大小相等。

● 35mm 换算值（等效焦距）

针对不同画幅相机，将同一画面视角，在 35mm 画幅相机上进行换算得出的值。对于数码单反相机而言，由于感光元件的尺寸依据相机有所不同，所以即使是焦距相同的镜头，视角也会不同。为了易于比较，在说明书中对这些换算值都予以了说明。

● 4/3

数码单反相机通用的一种规格，名称的由来是使用了 4/3 规格（约 17.3mm×13mm）的感光元件。

● AE

Automatic Exposure 的简写，意为自动曝光，包括光圈优先 AE、快门优先 AE 等，是相机自动曝光拍摄的总称。

● AF

自动对焦，相机自动对焦机构。

● APS－C

数码单反相机感光元件的一种尺寸规格，根据厂家和相机型号略有不同，一般的 APS—C 画幅感光元件的尺寸为 23.4mm×16.7mm（长宽比为 3∶2）。

● B门

按住快门时保持快门打开的模式，或者说拍摄方法。通常用“B”标记。B 门在长时间曝光时使用。

● 白平衡

根据拍摄场所、时间、光源的色温不同，照片的颜色也不同。例如荧光灯下白色物体呈绿色、钨丝灯下呈橘黄色。白平衡指不受光源限制，准确还原白色的拍摄性能。

● 曝光

打开快门、光圈，让光线在感光元件上产生潜影。曝光由光圈、快门速度以及 ISO 感光度共同决定。

● 曝光补偿

为了让照片更明亮或者更昏暗，拍摄者针对相机已经自动设定的曝光参数自行调节的拍摄手法。

● 曝光不足

曝光不足指由于光量不足导致照片整体发暗的情况。造成曝光不足的原因除了拍摄者有意识地对相机进行设置之外，多为操作失误或相机曝光性能不佳。

● 曝光过度

曝光过度指由于进光量过多而导致照片发亮的现象。出现曝光过度的原因与曝光不足的原因相同。

● 变焦镜头

能够改变焦距的镜头。由于能够改变焦距，所以使用一支镜头就可以得到各种视角的画面。

● 标准镜头

一般指焦距为 50mm 的镜头，用这种镜头拍摄的画面与人眼的视觉效果相近。以 50mm 为基准，焦距越短拍摄的范围越广，焦距越长越能够将远处的景物放大拍摄。

● CCD

Charge Coupled Device 的简写，相当于胶片相机中的胶片部分，是负责把通过镜头的光转换为电子信号的部件。

● CMOS

与 CCD 具有同样性能的部件，但耗电量低，实现了自身的小型化。CCD 在对应短片拍摄比较困难，而 CMOS 却能够很好地对应短片拍摄。

● 对焦点

在相机取景器上标示的对焦框，也称 AF 框。

● 层次

从画面的最亮部到最暗部按照层次表现的方式。层次越多，越能够细致、忠实地再现实际景物的色彩和亮度变化。

● 长焦镜头

比标准镜头焦距（50mm）长的镜头，具有放大被拍摄体和拉近远处被拍摄体的作用。焦距为 135～300mm 的镜头为长焦镜头，焦距为 400mm 以上的镜头为超长焦镜头。

● 超声波马达

这种马达是利用超声波振动能量变换成转动能量的原理来工作的。超声波马达的优点为开启和关闭时反应迅速、驱动高速且安静、回转力强。

● 成像不全或发暗

画面周边没有成像或发暗的情况。在没有正确安装遮光镜和滤镜的情况下使用广角镜头，光线无法进入，会导致这种现象的发生。

● 程序 AE

相机自动判断光圈和快门速度的最佳组合来进行拍摄的模式。

● 程序偏移

保持曝光量不变，相机自动改变光圈和快门速度的组合来进行拍摄的性能。

● 低速快门

通常指比 1/8 秒慢的快门速度，适用于拍摄具有流动感的画面。

● 点测光

根据场景中极小区域的亮度来决定曝光的方式。

● 定点 AF

对一点进行对焦。使用 AF 对焦时，通常相机是从多个焦点中自动选择理想的最佳点进行对焦，因而会出现在希望对焦的点上没有完成对焦的情况。如果想要在自己认定的位置上进行准确对焦，可以使用定点 AF 模式。

● 定焦镜头

焦距固定不变的镜头。与变焦镜头相比，定焦镜头中性能更高、最大光圈更大的镜头较多。

● 抖动

从按下快门到画面被记录下来的过程中，由于相机或被拍摄体移动使拍摄的画面模糊不清或不够鲜明。快门速度越慢，手抖现象越容易发生。另外，焦距越长，手抖越是明显。对于因相机的移动而引起的抖动称为“手抖”或“相机抖动”，对于被拍摄体的移动称为“被拍摄体抖动”。

● 多重曝光

对同一被拍摄体进行两次以上曝光，在一张照片中拍摄出多幅画面的效果，这种技法被称为多重曝光。主要包括两种方法：一种方法是使用相机的多重曝光功能，还有一种方法是在低速快门和 B 门（手动快门）过程中让闪光灯连续多次闪光。

● ED 镜片

一种特殊的光学镜片，可用于抑制由于色散或对比度低下而造成的色差。色差包括在长焦镜头上发生的轴向色差，以及在广角镜头发生的倍率色差。如果在镜头中装入 ED 镜片，这两种色差都能够得到缓解。

● 反光板

反射光线的道具。除了市面上出售的反光板外，也可以用身边的白布或纸张来代替。

● 非球面镜片

镜片通常被制成球面形状，而均等的球面会引起球面像差，导致画质低下。非球面镜片就是为了避免这种情况的发生，通过改变镜面的曲率制造而成的镜片。使用非球面镜片不仅可以对球面像差进行修正，而且还实现了镜头的小型化，减少了镜片数量。

● 俯视拍摄

从位置高的地方向下俯视进行拍摄。

● 感光元件

光线透过镜头后的成像部分。现在大多使用 CCD 和 CMOS 两种元件，总称为感光元件，也被称为图像感应器。

● 高速快门

一般指 1/1000 秒以上的快门速度。在拍摄快速运动的被拍摄体时，利用高速快门可以得到定格画面的效果。

● 构图

决定被拍摄体在画面中的不同位置，可以得到氛围完全不同的照片。

● 光圈

可以调节镜头孔径的大小、控制进光量的机构，如同人的瞳孔。表示光圈大小的数值称为光圈值或者F值，此数值增大时“光圈缩小”，减小时“光圈增大”。

● 光晕

被强光照射范围的周边变得发白、模糊的现象。

● 广角镜头

能够拍摄广阔范围的镜头。在无法靠近被拍摄体的情况下，使用广角镜头能够扩大视野范围进行拍摄。焦距越短，拍摄的范围越大。一般焦距范围在24～35mm的被称为广角镜头，20mm以下的被称为超广角镜头。

● 广角微距镜头

使用广角镜头和变焦镜头的广角端进行微距拍摄，在把被拍摄体放大的同时连同背景进行拍摄。

● 照片风格模式

这种模式能够设定对比度、色调和饱和度等。相机厂家不同叫法也不相同，预先可多保存几种设定，这样就能够根据场景的不同快速地加以应用了。

● ISO感光度

表示记录光线强弱程度的指标。数值越大感光度越高，越能够提高快门速度，不容易发生手抖，适合在昏暗场所进行拍摄。但伴随着感光度的增加，容易产生噪点，影响画质。

● 焦点锁定

通过半按快门固定焦点位置，在保持被拍摄体处于对焦状态下进行改变构图等操作。

● 焦距

透镜的中心点到透镜的清晰成像点（焦点）的距离，单位是mm。

● 结露

将相机从寒冷的室外拿到温暖的室内时，急剧的温度变化会导致水滴的产生。在相机内部也有可能发生，这是造成相机出现故障的一个重要原因。

● 景深

在照片中焦点前后能够清晰成像的范围。不论是近是远都能够合焦的照片被称为“深景深”。

● 开放F值

对于该镜头来说，无法选择小于此数值的光圈值。数值越小，单位时间内进光量越多；数值越大，单位时间内进光量越少。变焦镜头分为两种类型，一种是按照焦距的变化开放F值，从F4.5到F5.6相应地发生变化；还有一种类型是即使改变焦距，开放F值也不会发生变化，即为恒定F值。恒定F值类型的镜头在高档变焦镜头中比较常见。

● 开放光圈

打开光圈达到最大时的状态。越是大光圈的镜头，开放F值越小。

● 快门时滞

从按下快门到打开快门的时间差。不同机型会有不同的时间差，一般在0.05～0.1秒。时滞时间越短的相机越有利于抓住拍摄时机。

● 快门速度

快门打开后，光线通过镜头照射在感光元件上（曝光）的时间。在数码相机上通常只显示分母，例如1/125秒表示为“125”，1/2秒表示为“2”。超过1秒的情况下，将2秒表示为“2”，或者改变数字的颜色加以区别。

● 连续AF

连续自动对焦。半按快门的过程中，一直保持对焦的性能。在对运动的被拍摄体进行追踪拍摄时是十分有效的功能。也称伺服自动对焦。

● 滤镜

装在镜头前面的一种附件，可获得各种各样的拍摄效果。例如，能够有效地消除水面和玻璃表面反射光的PL滤镜（偏振镜），使成像表现出柔和氛围的柔焦滤镜等。可以利用布、纸张和玻璃纸等材料手工制作滤镜。

● MF

手动对焦，是通过手工转动对焦环来调节相机镜头从而使拍摄出来的照片清晰的一种对焦方式。

● 慢速同步

延迟快门速度，是使用闪光灯时能够将被拍摄体和背景拍摄得更亮一些的技法，在黄昏或夜晚拍摄时经常被用到。由于快门速度较慢，建议使用三脚架。

● ND镜

中灰密度镜，是一种减光滤镜，用于减少透过镜头的光量。ND镜通常在光线较强或长时间曝光时使用。例如打开光圈虚化背景时或是想要运用低速快门时。

● 内对焦方式

通过前后移动较小的中间镜片组进行对焦的方式，与改变镜头长度相比能够更快速地对焦，并且重心不会发生明显的变化，能够保持平衡。

● PL滤镜

偏振镜，用于消除偏振光。能够有效地消除水面和玻璃表面的反射光，使景物的色彩变得鲜艳。

● 畸变

画面歪斜变形。与歪曲像差不同。

● 全景扫描

将相机与地面保持水平，然后横向转动的拍摄方法。一般在追焦拍摄时使用。

● RAW

一种文件存储格式。JPEG文件是指拍摄的照片在相机内进行过处理、压缩的文件格式。与此相反，RAW格式是指未加工的文件，所以文件尺寸较大。处理RAW文件时，可以完全根据个人喜好调节色调、对比度和锐度等。

● 三脚架

用来稳固相机的装置。即使在低速快门拍摄的时候，也能有效防止手抖。

● 色差

由于光的波长不同，通过滤镜时的折射率也不相同，因此不同波长的结像点也会发生不同的偏离现象，这种现象即为色差。特别是在使用长焦镜头时比较明显，会导致成像质量低下。

● 色彩空间

表示在电脑的画面、数码相机的画面以及印刷物上，能够表现何种范围的色彩时所使用的指标。机器不同，能够表现的色彩范围也不相同，例如“sRGB”和“Adobe RGB”等。也被称作“色域特性”。

● 偏色

被拍摄体周围有较强的光或色时会对照片产生影响。例如荧光灯下偏绿色，钨丝灯下偏橘黄色。通过白平衡可以避免偏色。

● 色温

表示光源光色的指标，单位为K（开尔文）。色温不是光源本身的温度，而是将看到的光色折换成温度。色温高时偏蓝，色温低时偏橙红。有的相机在设定白平衡时也可指定色温。

● 闪光灯热靴

在相机上部安装外置闪光灯的装置，有电气接点，所以可以与快门连动，保证闪光灯的工作。

● 深景深

画面中从远景到近景的大范围场景均清晰合焦。实现深景深的方法是收缩光圈，或是缩短焦距。

● 视角

表示镜头能够拍摄到的景象的范围。焦距越短，视角越广，能够拍摄到的范围也就越广阔。焦距越长，视角越窄，拍摄范围也变得狭窄。

● 手持相机方式

为了防止手抖，牢牢地固定相机的方式。握紧机身，将取景器贴于眼睛部位。

● 手动曝光

通过手动调节来设定曝光参数的拍摄方式。

● 死点

投掷出的球在空中达到的最高点，或是指跳起来的人在空中停止时的点。

● 透视感

景物的远近感。与实际眼睛看到的感觉相似，即近处景物大，远处景物小。

● 歪曲像差

拍摄时直线发生歪斜的现象，是由镜头构成和光圈位置关系而引起的，包括向外侧凸起歪曲（桶形像差）和向内侧萎缩歪曲（枕形像差）两种类型。

● 微4/3

4/3系统的扩展规格。感光元件的大小与4/3系统相同。

● 微距镜头

具有很高的解像力，可以对近距离拍摄所产生的像差进行补偿。高倍率拍摄和优秀的虚化表现是其魅力所在。一般将特写性能优秀的镜头总称为微距镜头，其中的不同并没有明确的定义。按照焦距的不同，微距镜头可以分为标准微距、中焦微距和长焦微距。

● 钨丝灯

白炽灯。通常在照片上显示出的颜色略微发红。

● 无反光镜

不具备反光镜和五棱镜的数码相机。“单反相机”的“反”指的是反光镜片，无反光镜片的相机没有“反”而成了“微单相机”。

● 无限远

镜头的一种拍摄焦距，对某距离以上的远景进行对焦。经常在对烟花的拍摄中使用。

● 五棱镜

数码单反相机取景的反光装置，为五角形、七个面的棱体。透过镜片会呈现出上下颠倒、左右相反的拍摄结果，五棱镜会将这种拍摄结果变成正常的方向呈现出来。

● 像素

数码画面的最小单位。正方形的像素点通过有规律的纵横排列就能够表现出 1 个画面。像素数越多，画面数据的信息量就越大，分辨率越高。例如 1920×2560 约为 500 万像素。

● 压缩效果

长焦镜头特有的成像效果，即减弱被拍摄体与其前后景物的距离感、增加密度感。

● 眼点

表示能看到取景器完整画面时，眼睛与取景器的最远距离，这个距离以“mm”为单位。眼点长的机型，即使眼睛离开取景器，也很容易看清取景器的画面。

● 用光

运用光表现立体感的技巧。以被拍摄体为标准，从正前方照射的光为“顺光”；从前方斜向照射的光为“前侧光”；从正侧方照射的光为“侧光”；从正后方照射的光为“逆光”；从正上方照射的光为“顶光”。

● 鱼眼镜头

能够将 180°的视野范围拍摄成一个画面的特殊镜头。

● 预先对焦

预先判断运动着的被拍摄体将要通过的点，然后采用 AF 锁定或是手动对焦事先进行对焦的技法。首先对被拍摄体通过的位置进行预测并对焦，当对象到达对焦位置时按下快门。

● 噪点

在画面中出现的实际景物中不存在的颜色、线条或花纹等。噪点产生的原因有很多，例如温度条件等，在 IOS 感光度较高的情况下也会出现。

● 增距镜

延长镜头的焦距，使镜头能够放大影像进行拍摄的附件，通常安装在镜头的后部。

● 折返镜头

为了将焦距长的镜头小型化，在镜头内使用反光镜片进行反射。这种镜头也被称为反射式镜头。

● 直方图

表示画面明暗分布的图形，可让用户在确认画面亮度的同时进行拍摄。

● 跑焦

使用 AF 拍摄多个被拍摄体时，没有对想要拍摄的对象对焦，而是对焦到了背景上的一种情况。

● 追焦拍摄

用相机追踪移动的被拍摄体进行拍摄的技法，能够拍摄出主体清晰、背景模糊、具有跃动感的照片。

● 自动包围曝光

用逐渐改变曝光值的形式进行连拍，只需按一次快门相机就能自动、连续地按照一定顺序进行拍摄。不只是曝光值，一些机型的白平衡和感光度也能自动进行变化。